面向数字化时代高等学校计算机系列教材

程序设计基础

李忠月　虞铭财　编著

清华大学出版社
北京

内 容 简 介

本书以程序设计的分析问题和解决问题为重点，采用"实例导入→问题提出→分析与应用"这一基本叙述模式，讲授在C/C++语言环境下程序设计的解题思路、算法设计和程序实现，从而帮助学习者提高编程能力。

本书在结构设计上，从有利于学习者学习的角度出发选择、组织和呈现教学内容。第一，本书在安排顺序上，先讲解函数，然后讲解数组、指针、结构等，这样便于学习者早接触函数，早使用函数，有利于学习者后续内容的学习；第二，本书强调实践，而不拘泥于基础知识，使学习者通过实践掌握基础知识，重点培养学习者的程序设计能力；第三，本书设计了一些专题，如迭代法、最大公约数的求解、素数判定等，总结了某一类问题的解决方法，既让学习者体验到程序设计的实用性，又能激发学习者的学习兴趣；第四，为满足学习者对在线开放学习的需求，本书的大部分实例配套了微课。

本书可以作为高等学校程序设计课程、等级考试、程序设计类竞赛、认证等的教学用书，也可以作为对C/C++语言程序设计感兴趣的学习者的自学用书。相信通过对本书的学习，学习者能打好坚实的程序设计基础。

版权所有，侵权必究。举报：010-62782989，beiqinquan@tup.tsinghua.edu.cn。

图书在版编目（CIP）数据

程序设计基础 / 李忠月，虞铭财编著. -- 北京：清华大学出版社，2024.9. -- （面向数字化时代高等学校计算机系列教材）. -- ISBN 978-7-302-66825-1

Ⅰ. TP312.8

中国国家版本馆CIP数据核字第2024HG5586号

责任编辑：龙启铭　王玉梅
封面设计：刘　键
责任校对：王勤勤
责任印制：刘海龙

出版发行：清华大学出版社
　　　网　　址：https://www.tup.com.cn，https://www.wqxuetang.com
　　　地　　址：北京清华大学学研大厦A座　　　邮　编：100084
　　　社　总　机：010-83470000　　　　　　　　邮　购：010-62786544
　　　投稿与读者服务：010-62776969，c-service@tup.tsinghua.edu.cn
　　　质量反馈：010-62772015，zhiliang@tup.tsinghua.edu.cn
　　　课件下载：https://www.tup.com.cn，010-83470236
印装者：三河市君旺印务有限公司
经　　销：全国新华书店
开　　本：185mm×260mm　　　印　张：18　　　字　数：438千字
版　　次：2024年9月第1版　　　　　　　　　　　印　次：2024年9月第1次印刷
定　　价：59.00元

产品编号：106495-01

面向数字化时代高等学校计算机系列教材

编审委员会

主 任：

蒋宗礼　教育部高等学校计算机类专业教学指导委员会副主任委员
　　　　国家级教学名师　北京工业大学教授

委 员：（排名不分先后）

陈 兵	陈 武	陈永乐	崔志华	范士喜	方兴军	方志军	高文超
胡鹤轩	黄 河	黄 岚	蒋运承	邝 坚	李向阳	林卫国	刘 昶
毛启容	秦红武	秦磊华	饶 泓	孙副振	王 洁	文继荣	吴 帆
肖 亮	肖鸣宇	谢 明	熊 轲	严斌宇	杨 烜	杨 燕	于元隆
于振华	岳 昆	张桂芸	张 虎	张 锦	张秋实	张兴军	张玉玲
赵喜清	周世杰	周益民					

前言

习近平总书记在党的二十大报告中强调,必须坚持科技是第一生产力、人才是第一资源、创新是第一动力,深入实施科教兴国战略、人才强国战略、创新驱动发展战略,开辟发展新领域新赛道,不断塑造发展新动能新优势。

计算机是科技领域伟大的发明,科技发展离不开计算机技术。要掌握和应用计算机技术,首先就要打好基础,学习计算机基本原理,掌握计算机程序设计。

程序设计是高校理工科专业重要的计算机基础课程,该课程以培养学习者掌握程序设计的思想和方法为目标,以培养学习者的实践能力和创新能力为重点。C/C++语言是得到广泛使用的程序设计语言之一,它们既具备高级语言的特性,又具有直接操纵计算机硬件的能力,并以其良好的程序结构和便于移植的特性而拥有大量的使用者。目前,许多高校都把C/C++语言列为首门要学习的程序设计语言。

虽然目前有关C/C++语言的教材很多,但一些教材比较注重C/C++语言知识的学习,不利于培养学习者的程序设计能力和语言应用能力。本书以程序设计为主线,从应用出发,通过案例和问题引入相关的语法知识,重点讲解程序设计的思想和方法,并始终贯彻全书。本书避免机械式地记忆语法知识,持守通过写程序去掌握C/C++语言知识的理念。

在结构设计上,本书强调学以致用,使学习者从接触C/C++语言开始就练习编程。全书共12章,为了提高学习者的学习兴趣,大多是先导入实例,而后介绍相关的语言知识。

第1章简单介绍一些背景知识和利用计算机解决问题的步骤,然后从实例出发,简要介绍C/C++语言的核心部分,使学习者对C/C++语言有一个总体的了解,并学习编写简单的程序,培养学习兴趣;第2章介绍基本的数据类型和常用运算符;第3章和第4章分别讲解分支结构、循环结构程序设计的思路和方法(本书从第3章开始,逐步深入讲解程序设计的思想和方法,说明如何应用语言解决问题);第5章讲解基本的输入与输出处理;第6章讲解函数的基本知识及基本用法;第7章讲解一维数组、二维数组的知识和应用;第8章全面讲解字符串(C字符串和C++的string)及其应用,最后介绍文件的基本操作及其应用;第9章介绍指针的基本概念及其应用;第10章讲解结构的基本知识及其应用;第11章讲解位运算及其应用;第12章大串讲,帮助学习者对全书知识点的融会贯通,并加以运用。

本书有如下特色:

（1）注重知识内容的实用性和综合性。本书结合应用型本科教育的特点，注重知识内容的实用性和综合性，删减以往类似教材中较刻板的理论知识点，将更多的篇幅放在程序设计方法、程序设计技能以及程序设计过程的阐述上。

（2）设计了一些专题。本书安排了如下几个专题：正整数的拆分、迭代法、最大公约数的求解、素数判定、进制转换。这些专题既总结了某一类问题的解决方法，又让学习者体验到程序设计的实用性，激发学习者的学习兴趣。

（3）图文并茂。西方有句谚语"A picture is worth a thousand words"（一图值千言），意思是用上千字描述不明白的东西，很可能一张图就能解释清楚。本书基本上做到对难理解的内容都有相关的图示辅助讲解，有的内容还通过多图逐步分解剖析。

（4）讲练结合，强调做中学。本书很多的例题和习题来源于经典的"在线评测系统"（OJ），学习者可以提交代码在指定的 OJ 上自动评测，确保所写程序正确；也可以多次练习，提高实践能力，增强趣味性。

（5）为满足学习者对在线开放学习的需求，本书对一些重要的知识点、重要或难懂的例子，都有配套的微课，这样学习者便能走进编者的教学课堂，而且能重复学习，做到攻克重点、难点，不留学习的死角。

因编者水平有限，书中难免存在疏漏、谬误之处，敬请批评指正。

编　者

2024 年 5 月

目录

第1章 概述 /1

1.1 计算机程序设计语言 ………………………………………………… 1
1.2 编写程序的步骤 ……………………………………………………… 1
　1.2.1 编码 …………………………………………………………… 1
　1.2.2 编译 …………………………………………………………… 2
　1.2.3 调试 …………………………………………………………… 2
　1.2.4 维护 …………………………………………………………… 2
1.3 算法 …………………………………………………………………… 3
　1.3.1 算法的特性 …………………………………………………… 3
　1.3.2 算法的描述 …………………………………………………… 3
1.4 用C/C++语言编写程序 ……………………………………………… 6
　1.4.1 输出"Hello,World!" …………………………………………… 6
　1.4.2 计算a+b ……………………………………………………… 7
　1.4.3 比较大小 ……………………………………………………… 8
　1.4.4 计算分段函数的值 …………………………………………… 9
　1.4.5 输出奇偶数之和 ……………………………………………… 11
　1.4.6 画正方形 ……………………………………………………… 11
练习1 ……………………………………………………………………… 12

第2章 类型、运算符与表达式 /15

2.1 变量 …………………………………………………………………… 15
　2.1.1 变量的命名规则 ……………………………………………… 15
　2.1.2 变量的声明 …………………………………………………… 16
2.2 数据类型及长度 ……………………………………………………… 16
　2.2.1 short与long限定符 …………………………………………… 17
　2.2.2 signed与unsigned限定符 …………………………………… 17
　2.2.3 printf和scanf格式转换符 …………………………………… 17
2.3 常量 …………………………………………………………………… 19
　2.3.1 整数常量与浮点数常量 ……………………………………… 19
　2.3.2 字符常量 ……………………………………………………… 20
　2.3.3 字符串常量 …………………………………………………… 20

2.3.4　符号常量 ································· 21
　　　2.3.5　枚举常量 ································· 22
　2.4　算术运算符 ······································· 22
　2.5　关系运算符与逻辑运算符 ··························· 22
　2.6　自增运算符与自减运算符 ··························· 24
　2.7　逗号运算符 ······································· 25
　2.8　赋值运算符与赋值表达式 ··························· 26
　2.9　条件运算符与条件表达式 ··························· 26
　2.10　数值类型转换 ···································· 27
　2.11　运算符的优先级及求值次序 ························ 28
　练习 2 ·· 29

第 3 章　分支结构　　/33

　3.1　实例导入 ··· 33
　3.2　语句与程序块 ····································· 34
　3.3　if-else 语句 ····································· 34
　3.4　else-if 语句 ····································· 36
　3.5　switch 语句 ······································ 38
　3.6　应用实例 ··· 42
　练习 3 ·· 44

第 4 章　循环结构　　/48

　4.1　实例导入 ··· 48
　4.2　while 循环 ······································· 51
　4.3　for 循环 ··· 54
　4.4　do-while 循环 ···································· 57
　4.5　三种循环语句的比较 ······························· 60
　4.6　循环结构的嵌套 ··································· 60
　4.7　break 语句与 continue 语句 ······················· 63
　4.8　专题 1：正整数的拆分 ····························· 65
　4.9　专题 2：迭代法 ··································· 68
　4.10　应用实例 ·· 70
　练习 4 ·· 75

第 5 章　输入与输出　　/84

　5.1　getchar()函数 ···································· 84
　5.2　putchar()函数 ···································· 85
　5.3　scanf()函数 ······································ 86
　5.4　printf()函数 ····································· 87

5.5　C++格式化控制台输出 …………………………………………………………… 89
　　5.6　应用实例 …………………………………………………………………………… 92
　练习 5 ……………………………………………………………………………………… 99

第 6 章　函数　　/101

　　6.1　实例导入 …………………………………………………………………………… 101
　　6.2　函数的基本知识 …………………………………………………………………… 103
　　　　6.2.1　函数的定义 ……………………………………………………………… 103
　　　　6.2.2　函数的调用 ……………………………………………………………… 104
　　　　6.2.3　函数的声明 ……………………………………………………………… 108
　　　　6.2.4　函数设计的基本原则 …………………………………………………… 111
　　6.3　以引用方式传递参数 ……………………………………………………………… 111
　　6.4　局部、全局和静态变量 …………………………………………………………… 114
　　　　6.4.1　for 循环中变量的作用域 ………………………………………………… 114
　　　　6.4.2　静态局部变量 …………………………………………………………… 115
　　6.5　函数的递归调用 …………………………………………………………………… 119
　　6.6　专题 3：最大公约数的求解 ……………………………………………………… 122
　　　　6.6.1　欧几里得算法 …………………………………………………………… 123
　　　　6.6.2　更相减损法 ……………………………………………………………… 124
　　6.7　应用实例 …………………………………………………………………………… 124
　练习 6 ……………………………………………………………………………………… 126

第 7 章　数组　　/132

　　7.1　实例导入 …………………………………………………………………………… 132
　　7.2　一维数组 …………………………………………………………………………… 133
　　　　7.2.1　一维数组的定义 ………………………………………………………… 133
　　　　7.2.2　一维数组元素的引用 …………………………………………………… 134
　　　　7.2.3　一维数组的初始化 ……………………………………………………… 135
　　　　7.2.4　一维数组的应用举例 …………………………………………………… 136
　　7.3　二维数组 …………………………………………………………………………… 141
　　　　7.3.1　二维数组的定义 ………………………………………………………… 142
　　　　7.3.2　二维数组元素的引用 …………………………………………………… 142
　　　　7.3.3　二维数组的初始化 ……………………………………………………… 143
　　　　7.3.4　二维数组的应用举例 …………………………………………………… 144
　　7.4　数组与函数 ………………………………………………………………………… 147
　　7.5　查找 ………………………………………………………………………………… 149
　　　　7.5.1　顺序查找 ………………………………………………………………… 149
　　　　7.5.2　折半查找 ………………………………………………………………… 149
　　7.6　排序 ………………………………………………………………………………… 150

7.6.1　选择排序 ………………………………………………………… 150
　　7.6.2　冒泡排序 ………………………………………………………… 151
7.7　专题 4：素数 ………………………………………………………………… 153
　　7.7.1　判断某个数是否是素数 …………………………………………… 153
　　7.7.2　一定范围内所有素数的求解 ……………………………………… 155
练习 7 …………………………………………………………………………… 156

第 8 章　字符串与文件操作　　/161

8.1　字符数组 ……………………………………………………………………… 161
　　8.1.1　字符数组的定义和引用 …………………………………………… 161
　　8.1.2　字符数组的初始化 ………………………………………………… 161
　　8.1.3　字符数组的输入与输出 …………………………………………… 163
　　8.1.4　字符数组的应用举例 ……………………………………………… 164
8.2　string 类型字符串 …………………………………………………………… 168
　　8.2.1　构造一个字符串 …………………………………………………… 168
　　8.2.2　读字符串 …………………………………………………………… 168
　　8.2.3　操作字符串的函数 ………………………………………………… 168
　　8.2.4　string 的应用举例 ………………………………………………… 171
8.3　文件操作与重定向 …………………………………………………………… 175
　　8.3.1　读写文件 …………………………………………………………… 175
　　8.3.2　重定向 ……………………………………………………………… 176
8.4　专题 5：进制转换 …………………………………………………………… 177
练习 8 …………………………………………………………………………… 179

第 9 章　指针　　/183

9.1　实例导入 ……………………………………………………………………… 183
9.2　指针的基本知识 ……………………………………………………………… 186
　　9.2.1　指针变量的声明 …………………………………………………… 186
　　9.2.2　指针变量的初始化 ………………………………………………… 186
　　9.2.3　指针变量的基本运算 ……………………………………………… 187
9.3　指针与数组 …………………………………………………………………… 189
　　9.3.1　指针与一维数组 …………………………………………………… 189
　　9.3.2　指针与多维数组 …………………………………………………… 194
9.4　指针与函数 …………………………………………………………………… 195
　　9.4.1　函数的形参是指针 ………………………………………………… 195
　　9.4.2　函数返回指针 ……………………………………………………… 197
　　9.4.3　指向函数的指针 …………………………………………………… 197
9.5　字符指针与函数 ……………………………………………………………… 198
9.6　指针数组 ……………………………………………………………………… 199

        9.6.1 指针数组的声明 ………………………………………………… 199
        9.6.2 指针数组的初始化 ……………………………………………… 199
        9.6.3 指针数组与二维数组的区别 …………………………………… 199
    9.7 命令行参数 ……………………………………………………………… 200
    9.8 指向指针的指针 ………………………………………………………… 201
    9.9 动态持久内存分配 ……………………………………………………… 202
    练习 9 ………………………………………………………………………… 203

第 10 章　结构　　/207

    10.1 实例导入 ……………………………………………………………… 207
    10.2 结构的基本知识 ……………………………………………………… 209
        10.2.1 结构类型的定义 ………………………………………………… 210
        10.2.2 结构变量的定义 ………………………………………………… 210
        10.2.3 结构成员的访问 ………………………………………………… 211
        10.2.4 对结构变量的操作 ……………………………………………… 211
        10.2.5 结构变量的初始化 ……………………………………………… 212
        10.2.6 结构的嵌套 ……………………………………………………… 213
    10.3 结构数组 ……………………………………………………………… 213
    10.4 结构指针 ……………………………………………………………… 216
    10.5 typedef ………………………………………………………………… 217
    10.6 结构与函数 …………………………………………………………… 218
    10.7 单链表 ………………………………………………………………… 219
        10.7.1 单链表的创建 …………………………………………………… 220
        10.7.2 单链表的输出 …………………………………………………… 220
        10.7.3 单链表的插入 …………………………………………………… 221
        10.7.4 单链表的删除 …………………………………………………… 223
        10.7.5 链表的综合操作 ………………………………………………… 224
    10.8 应用实例 ……………………………………………………………… 226
        10.8.1 用结构数组实现 ………………………………………………… 227
        10.8.2 用单链表实现 …………………………………………………… 228
    练习 10 ……………………………………………………………………… 230

第 11 章　位运算　　/236

    11.1 原码、反码和补码 …………………………………………………… 236
    11.2 位运算符 ……………………………………………………………… 236
        11.2.1 与运算符 ………………………………………………………… 236
        11.2.2 或运算符 ………………………………………………………… 237
        11.2.3 异或运算符 ……………………………………………………… 237
        11.2.4 取反运算符 ……………………………………………………… 238

  11.2.5 左移运算符和右移运算符 ·· 238
 11.3 位赋值运算符 ·· 241
 11.4 应用实例 ·· 241
 练习 11 ··· 243

第 12 章 大串讲 /246

 12.1 顺序输出整数的各位数字 ·· 246
 12.2 阶乘和 ·· 248
 12.3 斐波那契数列 ·· 250
 12.4 计算函数的值 ·· 252
 12.5 数列有序 ·· 254
 12.6 数的转移 ·· 256
 12.7 有理数四则运算 ·· 258
 12.8 德才论 ·· 260
 12.9 天长地久 ·· 262

附录 /265

 附录 A 常用字符与 ASCII 对照表 ·· 265
 附录 B 常用的库函数 ·· 266
  B.1 数学函数 ·· 266
  B.2 字符处理函数 ·· 268
  B.3 字符串处理函数 ·· 269
  B.4 实用函数 ·· 270
 附录 C 与具体实现相关的限制 ·· 270
 附录 D Hack ·· 271
 附录 E 对拍 ··· 271

参考文献 /275

第1章 概 述

现代计算机是一种通用的机器,具备很多潜力,但必须对其进行编程才能挖掘出那些潜力。给计算机编程就是给它一组指令,这组指令详细地指定解决问题的每一个必要步骤。一组指令,也就是一个程序。

程序需要用某种语言来描述,例如,用算盘进行计算时,程序是用口诀来描述的,而现代计算机的程序则是用计算机程序设计语言来描述的。

1.1 计算机程序设计语言

从计算机诞生至今,计算机程序设计语言也在伴随着计算机技术的进步不断发展,种类非常多,但总的来说可以分成机器语言、汇编语言、高级语言三大类。

用机器语言(machine language)编写程序,就是从所使用的 CPU 指令系统中挑选合适的指令,组成一个指令序列。这种程序虽然可以被机器直接理解和执行,但却由于其不够直观、难记、难认、难理解、不易查错而只能被少数专业人员所掌握,而且编写程序的效率很低,质量难以保证。这种繁重的手工编写方式与高速、自动工作的计算机极不相称,这种方式仅用于计算机出现的初期编程,现在已经不再使用。

用汇编语言(assembly language)编写的程序机器不能直接识别,要由一种程序将汇编语言翻译成机器语言,这种起翻译作用的程序称为汇编程序。汇编语言编译器把汇编程序翻译成机器语言的过程称为汇编。

由于汇编语言依赖于硬件体系,且助记符量大、难记,于是人们又发明了更加易用的高级语言。高级语言主要是相对于汇编语言而言的,它并不是特指某一种具体的语言,而是包括了很多编程语言,如 C、C++、Python、Java 等。

高级语言与计算机的硬件结构及指令系统无关,它有更强的表达能力,可方便地表示数据的运算和程序的控制结构,能更好地描述各种算法,而且容易学习和掌握。

1.2 编写程序的步骤

1.2.1 编码

用计算机解决问题包括两个步骤:

(1) 应该构造出一个算法或在解决该问题的已有算法中选择一个,这个过程称为算法设计;

（2）用程序设计语言将该算法表达为程序，这个过程称为编码。

1.2.2 编译

为了使高级语言编写的程序能够在不同的计算机系统上运行，首先必须将程序翻译成运行程序的计算机所特有的机器语言。在高级语言和机器语言之间执行这种翻译任务的程序称为编译器。

编译器将源文件翻译成目标文件，其中包含适用于特定计算机系统的实际指令，这个目标文件和其他目标文件可组成在系统上运行的可执行文件。这些所谓的其他目标文件常常是一些称为库的预定义的目标文件，库中含有程序所要求的不同操作的机器指令。将所有独立的目标文件组合成一个可执行文件的过程称为连接。高级语言程序的执行过程如图1-1所示。

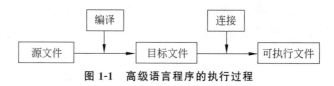

图1-1 高级语言程序的执行过程

1.2.3 调试

程序设计语言有自己的语法，它决定如何将一个程序的元素组合在一起。编译一个程序时，编译器首先检查程序的语法是否正确，由于违反语法规则而导致的错误称为语法错误（syntax error）。当从编译器得到一个语法错误的消息时，必须返回程序并改正错误。语法错误比较容易改正。

通常，程序运行失败往往不是由于语法错误，而是由于合乎语法的程序有一个逻辑上的错误，程序员称这种错误为逻辑错误（即 bug）。找出并改正这种逻辑错误的过程称为调试（debugging），它是程序设计过程中重要的一环。

所有的程序员不仅会犯逻辑错误，而且有时还会制造一系列逻辑错误。优秀程序员的优秀之处并不在于他们能够避免逻辑错误，而是他们能努力地将存在于完成的代码中的逻辑错误数量减到最少。

1.2.4 维护

软件开发的一个特殊方面是程序需要维护。软件开发完成交付用户使用后，就进入了软件的运行和维护阶段。

软件需要维护主要有两个原因：首先，即使经过大量测试，并在相关领域使用多年，源代码中依然可能存在逻辑错误；其次，当出现一些不常见的情况或发生之前未预料到的情况时，之前隐藏的逻辑错误就会使程序运行失败。

软件维护工作处于软件生存周期的最后阶段，维护阶段是软件生存周期中最长的一个阶段。软件维护很困难，尤其是对大型、复杂系统的维护更加困难和复杂。

软件维护的困难来源于软件需求分析和开发方法的缺陷。这种困难表现在如下几方面：

① 读懂别人的程序比较困难；

② 文档的不一致性；

③ 软件开发和软件维护在人员和时间上的差异。

在软件维护阶段所花费的人力、物力很多，应该充分认识到维护工作的重要性和迫切性，提高软件的可维护性，减少维护的工作量和费用，延长已经开发软件的生存周期，以发挥其应有的效益。

1.3 算　　法

一个程序应包括对数据的描述和对数据处理的描述。对数据的描述，即数据结构，在 C/C++ 语言中，系统提供的数据结构是以数据类型的形式出现的；对数据处理的描述，即计算机算法。

算法是规则的有限集合，是为解决特定问题而规定的一系列操作，是有限的。对于同一个问题可以有不同的解题方法和步骤，也就是有不同的算法。算法有优劣，一般而言，应当选择简单的、运算步骤少的，即运算快、内存开销小的算法，也就是要考虑算法的时空效率。

程序设计是一门艺术，主要体现在结构设计和算法设计上，数据结构好比是程序的躯体，算法好比是程序的灵魂。著名的计算机科学家沃思提出一个公式：

数据结构+算法=程序

实际上，一个程序除了数据结构和算法外，还必须使用一种计算机语言，并采用一定的方法来表示。

1.3.1　算法的特性

一个算法应该具有以下特性：

（1）有穷性。算法必须在执行有穷步之后结束，而每一步都必须在有穷时间内完成。

（2）确定性。算法中的每个步骤都必须是确定的，不能有二义性。

（3）可行性。一个算法必须是可行的，即算法中每一操作都能通过已知的一组基本操作来实现。

（4）输入。一个算法可以有零个或多个输入。有的算法不需要从外界输入数据，如计算 $1+2+\cdots+100$；而有的算法则需要输入数据，如计算 $1+2+\cdots+n$，执行时需要从键盘输入 n 的值后才能计算。

（5）输出：一个算法有一个或多个输出。算法的实现是以得到计算结果为目的的，没有任何输出的算法是没有任何意义的。

1.3.2　算法的描述

为了描述一个算法，可以用不同的方法。常用的方法有流程图、N-S 图、伪代码、计算机语言等。

1. 用流程图描述算法

流程图是用一些约定的几何图形来描述算法的。用某种框图表示某种操作，用箭头表示算法流程。流程图是程序的一种比较直观的表示形式，美国标准化协会 ANSI 规定了一些常用的流程图符号,这些流程图符号已为世界各国程序工作者普遍采用,如图1-2所示。

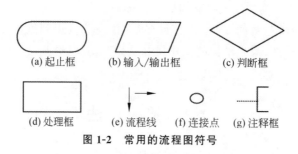

图1-2 常用的流程图符号

三种基本结构的流程图表示如图1-3所示。

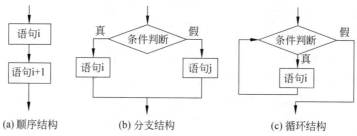

图1-3 三种基本结构的流程图表示

2. 用 N-S 图描述算法

基本结构的顺序组合可以表示任何复杂的算法结构,那么基本结构之间的流程线就属于多余的了。美国学者 I. Nassi 和 B.Shneiderman 于 1973 年提出了一种新的流程图形式,即全部算法写在一个矩形框内,完全去掉了带箭头的流程线,这种流程图称为 N-S 结构化流程图,简称 N-S 图。

N-S 图适用于结构化程序设计。N-S 图的三种基本结构的表示如图 1-4 所示。

图1-4 N-S 图的三种基本结构的表示

3. 用伪代码描述算法

用流程图、N-S 图表示算法,直观易懂,但在设计一个算法时,可能要反复修改,而修改流程图是比较麻烦的,因此,流程图适合表示算法,但在设计算法的过程中使用不是很理想。为了方便设计算法,常使用伪代码(pseudocode)工具。

例如,"输出 x 的绝对值"的算法可以用伪代码表示如下:

```
如果 x 为正
    输出 x
否则
```

```
输出-x
```

伪代码是用介于自然语言和计算机语言之间的,用文字和符号来描述算法。伪代码不用图形符号,书写方便,格式紧凑,便于向用计算机语言描述算法过渡。

4. 用计算机语言描述算法

用计算机语言描述算法必须严格遵循所用的语言的语法规则。用某种程序设计语言编写的程序本质上也是问题处理方案的描述,并且是最终的描述。

在程序设计过程中,不提倡一开始就编写程序,特别是对于大型的程序,因为程序是程序设计的最终产品,需要经过每一步的细致加工才能得到,如果企图一开始就编写程序,往往会适得其反,达不到预想的结果。

【例 1.1】 计算 5 的阶乘,下面用 5!表示。

(1)用流程图描述 5!,如图 1-5 所示。

(2)用 N-S 图描述 5!,如图 1-6 所示。

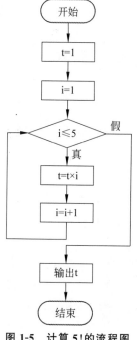

图 1-5 计算 5!的流程图

图 1-6 计算 5!的 N-S 图

(3)用伪代码表示。

```
开始
    置 t 的初值为 1
    置 i 的初值为 1
    当 i<=5 时,循环执行下面的操作:
        使 t=t×i
        使 i 增加 1
    输出 t 的值
结束
```

(4) 用 C/C++ 语言表示。

```cpp
#include<iostream>
using namespace std;

int main()                    //定义名为main的函数,这里它不接受参数
{
    int i, t;                 //定义两个整型变量

    t = 1;
    i = 1;
    while(i <= 5)             //如果i≤5,则循环(即重复处理)
    {
        t = t * i;            //将t*i赋值给t
        i = i + 1;            //将i+1赋值给i。此语句与i++、++i等价
    }
    printf("t=%d\n", t);      //输出

    return 0;
}
```

1.4 用 C/C++ 语言编写程序

1.4.1 输出"Hello,World!"

【例 1.2】 Hello,World!（洛谷 B2002）。编写一个能够输出"Hello,World!"的程序。

```cpp
#include<iostream>
using namespace std;

//程序从main()函数开始执行
int main()                              //定义名为main的函数
{
    //main()函数的语句都被括在一对大括号中
    //main()函数调用库函数printf()以显示字符序列
    printf("Hello,World!\n");           //\n 代表换行符

    return 0;                           //表示程序成功结束
}
```

此程序分为三部分:库包含列表、主程序和程序注释。

♯include<iostream>是一个预处理指令。在程序编译之前,以♯开始的行都会由预处理器来处理。这一行会告诉处理器把标准输入/输出头文件(iostream)包括到这个程序中。头文件中包含了在编译诸如 printf()这样的标准输入/输出库函数时编译器需要使用的信息和声明。

一个 C/C++ 语言程序,无论其大小如何,都是由函数和变量组成的。

通常情况下,函数的命名没有限制,但 main 是一个特殊的函数名,每个程序都从 main()函数开始执行,这意味着每个程序都必须在某个位置包含一个 main()函数。它以左花括号({)开始,以右花括号(})结束。这对花括号和它们之间的程序部分也称为块,块是 C/C++ 语言

中重要的程序单元。

用双引号括起来的字符序列称为字符串常量。

在 C/C++ 语言中,字符序列"\n"表示换行符,输出时打印将换行,从下一行的左端行首开始。

main()函数的末尾有一个 return 语句,可以向其调用者返回一个值,该调用者实际上就是程序的执行环境。返回值为 0 表示正常终止,返回值为非 0 表示出现异常情况或出错结束条件。

C/C++ 语言程序的基本框架如下:

```
#include<iostream>
using namespace std;

int main()
{
    return 0;
}
```

按照以上的基本框架能完成基本的 C/C++ 语言程序。后面我们会用#include<bits/stdc++.h>替换#include<iostream>,即使用万能头文件,因为各种环境都能使用万能头文件,这样就可以避免记忆一些头文件。

编程风格:在程序中加上适当的注释,可以提高程序的易读性,但注释过多也会使程序难以阅读。

编程风格:在进行输出操作的函数中,输出的最后一个字符一般是一个换行符(\n)。这是确保函数会把屏幕光标定位于新行的开始位置。

1.4.2 计算 a+b

【例 1.3】 a+b 问题(信息学奥赛一本通 1006)。给定两个整数 a 和 b,输出 a+b 的值。保证 a、b 及结果均在整型范围内。

输入一行,包含两个整数 a、b,中间用单个空格隔开,a 和 b 均在整型范围内。输出一个整数,即 a+b 的值,保证结果在整型范围内。

例 1.3

输入样例:

```
1 2
```

输出样例:

```
3
```

【分析】算法设计如下:

Step1　输入阶段。输入将要相加的两个整数 a 和 b。
Step2　计算阶段。计算 a+b 之和,并把结果赋给 sum。
Step3　输出阶段。输出 sum。

```
#include<iostream>
using namespace std;
```

```
int main()
{
    int a, b, sum;              //定义(声明)3个整型变量
    scanf("%d%d", &a, &b);      //从键盘输入两个整数,输入时用空格隔开
    sum = a +b;                 //两个整数相加,并将结果赋值给 sum
    printf("%d\n", sum);        //输出计算结果
    return 0;
}
```

输入多个值时,可以写在一个 scanf 中,例如:

```
scanf("%d%d", &a, &b);
```

输入时不同的值之间用空格、Tab 或 Enter 键进行分隔。

如果格式控制串中有非格式字符,输入时也要输入该非格式字符,例如:

```
scanf("a=%d,b=%d", &a, &b);
```

输入时应为 a=2,b=8。

提示:程序中的 a、b 和 sum 都是变量,且都是整型变量,用于存储整数值。在 C/C++ 语言中,使用变量之前,必须先声明该变量。声明一个变量就是告知 C/C++ 编译器引用了一个新的变量名,并指定了该变量可以保存的数据类型。

1.4.3 比较大小

【例 1.4】 输入两个整数,按先大后小的顺序输出。

输入样例 1:

```
2 8
```

输出样例 1:

```
Before swap: 2,8
After swap: 8,2
```

输入样例 2:

```
5 2
```

输出样例 2:

```
Before swap: 5,2
After swap: 5,2
```

【分析】

如果输入的两个数的顺序本身就是先大后小,那么不需要处理,直接输出;否则两个数必须交换。

(1) 输入阶段。计算机要求用户输入两个数。

（2）处理阶段。判断是否需要交换，如果需要交换，则用另一个变量来辅助实现交换。即

```
tmp = a;
a = b;
b = tmp;
```

（3）输出阶段。在屏幕上显示处理结果。

```cpp
#include<iostream>
using namespace std;

int main()
{
    int a, b, tmp;                              //定义 3 个整型变量

    //从键盘输入两个整数,输入时用空格隔开
    cin >>a >>b;
    cout <<"Before swap: ";                     //输出提示信息
    cout <<a <<"," <<b <<endl;                  //输出交换前的 a、b

    if(a <b)                                    //如果 a<b,则交换 a、b 的值
    {
        tmp = a;
        a = b;
        b = tmp;
    }

    cout <<"After swap: ";                      //输出提示信息
    cout <<a <<"," <<b <<endl;                  //输出交换后的 a、b

    return 0;
}
```

cin 表示输入流对象，它连接到标准输入设备，通常是键盘。cin 是与流提取运算符"＞＞"结合使用的。C++ 编译器根据要输入值的数据类型来提取值，并把它存储在给定的变量中。流提取运算符"＞＞"在一个语句中可以多次使用。

cout 表示输出流对象，它是输入/输出流库的一部分。cout 对象连接到标准输出设备，通常是显示器。在程序中使用了关联字 cout，就是将数据流传送到显示器。流插入操作符"＜＜"在一个语句中可以多次使用，endl 用于在行末添加一个换行符。

编程风格：在程序中加入适当的提示信息。

1.4.4 计算分段函数的值

【例 1.5】 输入 x，计算并输出下列分段函数的值(结果保留 3 位小数)。

$$y = \begin{cases} x-10, & x \geqslant 0 \\ x+10, & x < 0 \end{cases}$$

例 1.5

输入样例 1：

输出样例 1：

```
40.000
```

输入样例 2：

```
-12.34
```

输出样例 2：

```
-2.340
```

【分析】

输入一个数，然后判断其范围，根据范围计算函数值。

（1）输入阶段。调用 scanf() 函数读入 x。

（2）处理阶段。根据分段函数中的相应公式计算 y 的值。

（3）输出阶段。调用 printf() 函数输出结果。

```cpp
#include<iostream>
using namespace std;

int main()
{
    double x, y;              //定义两个双精度浮点型变量

    scanf("%lf", &x);         //输入

    if(x >=0)                 //如果 x≥0
        y = x -10;
    else                      //其他情况
        y = x +10;

    printf("%.3f\n", y);      //输出

    return 0;
}
```

scanf() 函数按指定的格式输入数据。字符型数据使用%c 输入，整型数据使用%d 输入，单精度浮点型数据使用%f 输入，双精度浮点型数据使用%lf 输入。输入参数是变量地址，即变量名前加 &，如 &x。

printf() 函数按指定的格式输出数据。字符型数据使用%c 输出，整型数据使用%d 输出，单精度浮点型数据使用%f 输出，双精度浮点型数据使用%f 或%lf 输出。

printf() 函数中的格式控制说明%.3f，表示指定输出浮点型数据时，保留 3 位小数。

if-else 语句的一般形式如下：

```
if(表达式)
    语句 1
else
    语句 2
```

if-else 中的两条语句有且仅有一条语句被执行。如果表达式的值为真，则执行语句 1，

否则执行语句 2。语句 1 和语句 2 既可以是单条语句,也可以是用花括号括起来的复合语句。

编程风格:正确的缩进、适当的空行以及适当的空格,可以提高程序的易读性。

编程风格:在函数中可以使用一个空行把定义语句和执行语句分开,以强调定义结束的位置和执行语句开始的位置。

编程风格:尽量每行只写一条语句,并在运算符两边各加上一个空格字符,这样可以使运算的结合关系更清楚明了。

1.4.5 输出奇偶数之和

【**例 1.6**】 输出奇偶数之和(信息学奥赛一本通 2018)。输出 1~n 的所有偶数之和与奇数之和。

输入样例:
```
10
```

输出样例:
```
30 25
```

例 1.6

【分析】

先输入一个整数 n,然后用循环逐个判断 1~n 的数是奇数还是偶数,如果是偶数,除以 2 的余数为 0,否则就是奇数。

```cpp
#include<bits/stdc++.h>
using namespace std;

int main()
{
    int n, s1, s2;           //s1 存放偶数之和,s2 存放奇数之和
    cin >>n;
    s1 = s2 = 0;
    for(int i =1; i <=n; i ++)
        if(i %2 ==0)         //如果 i 除以 2 的余数为 0
            s1 +=i;
        else
            s2 +=i;
    printf("%d %d\n", s1, s2);

    return 0;
}
```

1.4.6 画正方形

【**例 1.7**】 画正方形(洛谷 B3844)。输入一个正整数 n,要求输出一个 n 行 n 列的正方形图案。图案由大写字母组成。

其中,第 1 行以大写字母 A 开头,第 2 行以大写字母 B 开头,以此类推;在每行中,第 2 列为第 1 列的下一个字母,第 3 列为第 2 列的下一个字母,以此类推;特别地,规定大写字母

例 1.7

Z 的下一个字母为大写字母 A。

输入一行,包含一个正整数 n。约定 2≤n≤40。输出符合要求的正方形图案。

输入样例:

```
5
```

输出样例:

```
ABCDE
BCDEF
CDEFG
DEFGH
EFGHI
```

【分析】此题要用双重循环,外循环控制行,内循环控制列。每行的首字母从 A~Z;在每行中,每列的字母是前一列的下一个字母,而且规定大写字母 Z 的下一个字母为大写字母 A。所以我们采用模运算,模 26。

```cpp
#include<bits/stdc++.h>
using namespace std;

int main()
{
    int n, x;
    cin >> n;
    for(int i = 0; i < n; i ++)          //控制行
    {
        x = i;
        for(int j = 0; j < n; j ++)      //控制列
        {
            cout << char(x % 26 + 'A');
            x ++;
        }
        cout << endl;
    }

    return 0;
}
```

练 习 1

一、单项选择题

1. 算法中,对需要执行的每一步操作,必须给出清楚、严格的规定,这属于算法的(   )。
   A. 正当性   B. 可行性   C. 确定性   D. 有穷性
2. 算法的有穷性是指(   )。
   A. 算法程序的运行时间是有限的   B. 算法程序所处理的数据量是有限的
   C. 算法程序的长度是有限的   D. 算法只能被有限的用户使用

3. 以下叙述中错误的是（　　）。
   A. 算法正确的程序最终一定会结束
   B. 算法正确的程序可以有零个输出
   C. 算法正确的程序可以有零个输入
   D. 算法正确的程序对于相同的输入一定有相同的结果
4. 结构化程序设计的基本原则不包括（　　）。
   A. 多态性　　　　B. 自顶向下　　　　C. 模块化　　　　D. 逐步求精
5. 以下叙述中错误的是（　　）。
   A. C语言是一种结构化程序设计语言
   B. 结构化程序有顺序、分支、循环三种基本结构组成
   C. 使用三种基本结构组成的程序只能解决简单问题
   D. 结构化程序设计提倡模块化的设计方法
6. C++语言源程序名的后缀是（　　）。
   A. exe　　　　　B. cpp　　　　　　C. obj　　　　　　D. cp
7. 以下叙述中正确的是（　　）。
   A. C/C++语言程序将从源程序中第一个函数开始执行
   B. 可以在程序中由用户指定任意一个函数作为主函数，程序将从此开始执行
   C. C/C++语言规定必须用main作为主函数名，程序将从此开始执行，在此结束
   D. main可作为用户标识符，用以命名任意一个函数作为主函数
8. 以下叙述中正确的是（　　）。
   A. C/C++程序中的注释只能出现在程序的开始位置和语句的后面
   B. C/C++程序书写格式严格，要求一行内只能写一个语句
   C. C/C++程序书写格式自由，一个语句可以写在多行上
   D. 用C语言编写的程序只能放在一个程序文件中
9. C/C++语言程序的三种基本结构是顺序结构、分支结构和（　　）结构。
   A. 递归　　　　　B. 转移　　　　　　C. 循环　　　　　　D. 嵌套
10. C/C++语言程序中可以对程序进行注释，注释部分可以用符号（　　）括起来。
    A. "{"和"}"　　　B. "["和"]"　　　　C. "/*"和"*/"　　　D. "*/"和"/*"
11. 下列叙述中错误的是（　　）。
    A. 一个C/C++语言程序只能实现一种算法
    B. C/C++程序可以由多个程序文件组成
    C. C/C++程序可以由一个或多个函数组成
    D. 一个C函数可以单独作为一个C程序文件存在
12. 调试程序的目的是（　　）。
    A. 发现错误　　　　　　　　　　B. 改正错误
    C. 改善软件的性能　　　　　　　D. 验证软件的正确性

二、程序设计题

1. 编写一个程序，要求用户输入两个整数，输出这两个整数的和、差、积和商。

输入样例：

```
25 3
```

输出样例：

```
28 22 75 8
```

2. 距离(TK21129)。输入 4 个浮点数 x1、y1、x2、y2，输出平面坐标系中点(x1，y1)到点(x2，y2)的距离。结果保留 3 位小数。

输入样例：

```
1 1 2 2
```

输出样例：

```
1.414
```

3. 输入一个四位数，将其加密后输出。方法是将该数每一位上的数字加 9，然后除以 10 取余，作为该位上的新数字，最后将千位和十位上的数字互换，百位和个位上的数字互换，组成加密后的新四位数。

输入样例：

```
9324
```

输出样例：

```
1382
```

第 2 章 类型、运算符与表达式

变量和常量是计算机程序处理的两种基本数据对象。对象的类型决定该对象可取值的集合以及对该对象执行的操作。声明语句就是说明变量的名字及类型,也可以指定变量的初值。表达式则把变量与常量组合起来生成新的值。运算符指定将要进行的操作。

2.1 变 量

在程序运行时,其值能被改变的量叫变量。变量名与变量值是两个不同的概念,例如:

```
int x = 20;
```

x 是变量名,20 是变量值,如图 2-1 所示。

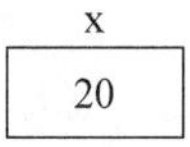

图 2-1 变量名与变量值的区别

每个变量都有一个适用范围。变量的范围是程序中该变量可以被使用的那一部分。

2.1.1 变量的命名规则

C/C++ 语言中的变量名可以是任何有效的标识符(identifier)。

标识符是由字母和数字组成的序列,但其第一个字符必须是字母。

下画线"_"被看作字母,通常用于命名较长的变量名,以提高其可读性。但由于库例程的名字通常以下画线开头,因此变量名一般不以下画线开头。

一个标识符理论上可以任意长,但具体的 C/C++ 编译器可能会有限制,使用 31 个字符或更短的标识符可保证程序的可移植性。

C/C++ 语言区分大小写,因此 area、Area 是不同的标识符。标识符用于命名变量、函数及程序中其他实体。有意义的、描述性的标识符会使程序更为易读。例如 decimalToBinary,第一个单词全部小写,其余每个单词的首字母大写。

关键字是保留给语言本身使用的,不能用于其他用途,所有关键字中的字符都必须小写。关键字如下:

```
auto      double    int       struct
break     else      long      switch
case      enum      register  typedef
```

char	extern	return	union
const	float	short	unsigned
continue	for	signed	void
default	goto	sizeof	volatile
do	if	static	while

2.1.2 变量的声明

C/C++语言中所有变量都必须先声明后使用。一个声明指定一种变量类型,后面所带的变量表可以包含一个或多个该类型的变量,例如:

```
int lower, upper, step;
char c, line[1000];
```

还可以在声明的同时对变量进行初始化,例如:

```
char esc = '\\';
int i = 0;
int limit = MAXLINE+1;
float eps = 1.0e -5;
```

请注意:在声明中不允许连续赋值,但在变量定义后,可以连续赋值。如"int a = b = c = 1;"是不合法的;但"int a, b, c; a = b = c = 1;"是合法的。

如果变量不是自动变量,则只能进行一次初始化操作。每次进入函数或程序块时,显式初始化的自动变量都将被初始化一次,其初始化表达式可以是任何表达式。

默认情况下,外部变量与静态变量将被初始化为0,而未经显式初始化的自动变量的值为未定义值(即无效值)。

任何变量的声明都可以使用const限定符,该限定符指定变量的值不能被修改,例如:

```
const double PI =3.1415926;
```

对数组而言,const限定符指定数组所有元素的值都不能被修改,例如:

```
const char msg[] ="warning: ";
```

const限定符也可配合数组参数使用,它表明函数不能修改数组元素的值,例如:

```
int fun(const char[]);
```

如果试图修改const限定符限定的值,其结果取决于具体的实现。

2.2 数据类型及长度

一个数据类型可以由两个性质定义:值的集合(即值域)和操作的集合。C/C++语言只提供了以下几种基本数据类型。

- char：字符型，可以存放本地字符集中的一个字符。
- int：整型，通常反映了所用机器中整数的最自然长度。
- float：单精度浮点型。
- double：双精度浮点型。

这几种数据类型占多少字节呢？不同的系统或者不同的编译器会有不同的结果。在 Dev-C++ 环境下，通过一元运算符 sizeof 可得知，char 占 1 字节，int 占 4 字节，float 占 4 字节，double 占 8 字节。

2.2.1 short 与 long 限定符

short 与 long 两个限定符用于限定整型，提供满足实际需要的不同长度的整型数，例如：

```
short int sh;
long int count;
```

在上述这种类型的声明中，关键字 int 可以省略。

short 类型通常为 16 位，long 类型通常为 32 位，int 类型可以为 16 位或 32 位。各种编译器可以根据硬件特性自主选择合适的长度，但要遵循下列限制：short 与 int 类型至少为 16 位，而 long 类型至少为 32 位，并且 short 类型不得长于 int 类型，而 int 类型不得长于 long 类型。

同整型一样，浮点型的长度也取决于具体的实现，float、double 与 long double 类型可以表示相同的长度，也可以表示两种或三种不同的长度。long double 类型表示高精度的浮点数。

2.2.2 signed 与 unsigned 限定符

类型限定符 signed 与 unsigned 可用于限定 char 类型或任何 int 类型。

unsigned 类型的数总是正值或 0，并遵守算术模 2^n 定律，其中 n 是该类型占用的位数。例如，如果 char 对象占用 8 位，那么 unsigned char 类型变量的取值范围为 0～255，而 signed char 类型变量的取值范围则为－128～127（在采用对 2 的补码的机器上），如图 2-2 所示。

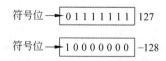

图 2-2 signed char 类型变量的取值范围

不带限定符的 char 类型对象是否带符号则取决于具体机器，但可打印的字符总是正值。

2.2.3 printf 和 scanf 格式转换符

各种数据类型的 printf 和 scanf 格式转换符如表 2-1 所示。

表 2-1　各种数据类型的 printf 和 scanf 格式转换符

数据类型	printf 格式转换符	scanf 格式转换符
long double	%Lf	%Lf
double	%f 或 %lf	%lf
float	%f	%f
long long int	%lld	%lld
unsigned long int	%lu	%lu
long int	%ld	%ld
unsigned int	%u	%u
int	%d	%d
short	%hd	%hd
char	%c	%c

使用 C/C++ 的数据(变量或常量)，应该弄清楚以下几点：

(1) 数据类型。

(2) 此类型数据在内存中的存储形式、占用的字节数。

(3) 数据的取值范围。比如，这里的 int 类型，是 4 字节，它的取值范围为：$-2^{31} \sim 2^{31}-1$，也就是 $-2147483648 \sim 2147483647$。为了方便，C++ 在 <limits> 头文件中定义了 INT_MIN、INT_MAX、LONG_MIN、LONG_MAX 等。这些常量在编程中非常有用。

(4) 数据能参与的运算。

(5) 数据的有效范围(是全局的还是局部的)、生存周期(是动态变量还是静态变量)。

【例 2.1】　字符变量的字符形式输出和整数形式输出。

```
#include<iostream>
using namespace std;

int main()
{
    char ch1, ch2;                              //定义两个字符型变量

    ch1 = 'a';                                  //将字符 a 赋值给变量 ch1
    ch2 = 'b';                                  //将字符 b 赋值给变量 ch2
    printf("ch1=%c, ch2=%c\n", ch1, ch2);       //以字符形式输出
    printf("ch1=%d, ch2=%d\n", ch1, ch2);       //以整数形式输出

    return 0;
}
```

运行结果：

ch1=a, ch2=b
ch1=97, ch2=98

【运行结果分析】'a' 的 ASCII 码值是 97，'A' 的 ASCII 码值是 65；'b' 的 ASCII 码值是 98，

'A'的 ASCII 码值是 66。

【例 2.2】 整型数据的溢出。说明：在 Dev-C++ 环境下运行。

```
#include<iostream>
using namespace std;

int main()
{
    int a, b;

    a = 2147483647;
    b = a + 1;
    printf("%d, %d\n", a, b);

    return 0;
}
```

运行结果：

```
2147483647, -2147483648
```

【运行结果分析】

在 Dev-C++ 环境下，int 类型是4字节，它的取值范围为 $-2^{31} \sim 2^{31}-1$，即 $-2147483648 \sim 2147483647$。

整数在内存中是以补码形式存储的，最高位是符号位，符号位为 0 时表示正数，为 1 时表示负数，而补码运算中符号位是参与运算的。

2147483647 是正数，将其赋值给 a，它的补码如下：

0111 1111 1111 1111 1111 1111 1111 1111

a+1 为

1000 0000 0000 0000 0000 0000 0000 0000

溢出，但并不报错。

2.3 常　　量

在程序运行时，其值不能被改变的量叫常量。

2.3.1 整数常量与浮点数常量

类似 10234 这样的整数常量属于整型。

如果一个整数太大以至于无法用 int 类型表示时，将被当作 long 类型处理。long 类型的常量以字母 l 或 L 结尾，如 123456789L。

无符号常量以字母 u 或 U 结尾。后缀 ul 或 UL 表明是 unsigned long 类型。

整数常量除了用十进制表示外，还可以用八进制或十六进制表示。带前缀 0 的整数常量表示它为八进制形式；带前缀 0x 或 0X，则表示它为十六进制形式。例如，十进制 31 可以写成八进制形式 037，也可以写成十六制形式 0x1f 或 0X1F。

八进制与十六进制的常量也可以使用后缀 L 表示 long 类型，使用后缀 U 表示

unsigned 类型。例如,0XFUL 是一个十六进制的 unsigned long 类型(无符号长整型)的常量,其值等于十进制数 15。

浮点数常量包含一个小数点(如 1023.4)或一个指数(如 1e−2),也可以两者都有。没有后缀的浮点数常量为 double 类型。后缀 f 或 F 表示 float 类型,而后缀 l 或 L 则表示 long double 类型。

2.3.2 字符常量

一个字符常量是一个整数,书写时将一个字符括在单引号中,如'x'。

字符在机器字符集中的数值就是字符常量的值。例如,在 ASCII 字符集中,字符 '0' 的值为 48,它与数值 0 没有关系。

字符常量一般用来与其他字符进行比较,但也可以像其他整数一样参与数值运算。字符常量 '\0' 表示值为 0 的字符,也就是空字符(null)。通常用 '\0' 的形式代替 0,以强调某些表达式的字符属性,但其数字值为 0。

2.3.3 字符串常量

字符串常量也称为字符串字面值,是用双引号括起来的 0 个或多个字符组成的字符序列。在 C 语言中,字符串常量就是字符数组。

字符串的内部表示使用一个空字符 '\0' 作为串的结尾,因此,存储字符串的物理存储单元数比括在双引号中的字符数多一个。这种表示方法也说明,C 语言对字符串的长度没有限制,但程序必须扫描完整个字符串后才能确定字符串的长度。

请注意:字符常量与仅包含一个字符的字符串之间的区别,即'x' 与 "x" 是不同的。'x' 是一个整数,其值是字母 x 在机器字符集中对应的数值(内部表示值);而 "x" 是一个包含一个字符(即字母 x)以及一个结束符的字符数组。

某些字符可以通过转义字符序列(例如,换行符\n)表示为字符或字符串常量。转义字符序列看起来像两个字符,但只表示一个字符。可以用 '\000' 表示任意字节的位模式,其中 000 代表 1~3 个八进制数字。

这种位模式还可以用 '\xhh' 表示,其中,hh 是一个或多个十六进制数字(0~9,a~f,A~F)。

ANSI C 语言中的全部转义字符序列如下:

\a	响铃符	\\	反斜线
\b	回退符	\?	问号
\f	换页符	\'	单引号
\n	换行符	\"	双引号
\r	回车符	\000	八进制数
\t	横向制表符	\xhh	十六进制数
\v	纵向制表符		

【例 2.3】 写出下列程序的运行结果。

```
#include<iostream>
using namespace std;
```

```
int main()
{
    printf("a b c\td e\bfghi\n");
    printf("a=65 \\ b=\101 \\ c=\x41\n");
    return 0;
}
```

运行结果：

```
a b c    d fghi
a=65 \ b=A \ c=A
```

2.3.4 符号常量

♯define 指令可以把符号名（或称为符号常量）定义为一个特定的字符串，格式如下：

```
#define 名字    替换文本
```

在该定义之后，程序中出现的所有在♯define 中定义的名字（既没有用引号引起来，也不是其他名字的一部分）都将用相应的替换文本替换。

在♯define 中定义的名字与普通变量名的形式相同，它们都是以字母打头的字母和数字序列；替换文本可以是任何字符序列，而不仅限于数字。

符号常量名通常用大写字母拼写，这样可以很容易地与用小写字母拼写的变量名区别开来。注意，♯define 指令行的末尾没有分号。

【例 2.4】 计算球的体积（信息学奥赛一本通 1030）。对于半径为 r 的球，其体积的计算公式为 $V=\frac{4}{3}\pi r^3$，这里取 $\pi=3.14$。现给定 r（即球半径），类型为 double，求球的体积 V，保留到小数点后 2 位。

输入样例：

```
4
```

输出样例：

```
267.95
```

【分析】PI(π)的取值恒定，我们可以把它定义为符号常量。

```
#include<iostream>
using namespace std;

#define PI 3.14                    //定义符号常量 PI
int main()
{
    double r, v;

    scanf("%lf", &r);              //输入半径
    v = 4 * PI * r * r * r / 3;    //计算体积
    printf("%.2lf\n", v);          //输出计算结果
```

```
    return 0;
}
```

2.3.5 枚举常量

枚举常量是另外一种类型的常量。枚举是一个常量整型值的列表,例如:

```
enum boolean{NO, YES};
```

在没有显式说明的情况下,enum 类型中第一个枚举名的值为 0,第二个为 1,以此类推。如果只指定了部分枚举名的值,那么未指定值的枚举名的值将依据最后一个指定值向后递增,例如:

```
enum week{MON=1, TUE, WED, THU, FRI, SAT, SUN};/* TUE=2, WED=3,…,以此类推 */
```

同一作用域中的各枚举常量的名字必须互不相同,也不能与普通变量名相同,但其值可以相同。

枚举为建立常量值与名字之间的关联提供了一种便利的方式。

2.4 算术运算符

二元算术运算符有+(加)、-(减)、*(乘)、/(除)、%(取模)。

在 C/C++ 语言中,取模运算符%不能应用于 float 或 double 类型。

整数除法会截断结果中的小数部分。在有负操作数的情况下,整数除法截取的方向以及取模运算结果的符号取决于具体机器的实现,这和处理上溢或下溢的情况是一样的,如图 2-3 所示。多数机器采用"向 0 取整"的方法,实际上就是舍去小数部分。

图 2-3 向 0 取整与向小值方向取整

算术运算符优先级次序:前 2 个算术运算符"+""-"的优先级别相同,后 3 个算术运算符"*""/""%"的优先级别相同,且前 2 个低于后 3 个。

算术运算符采用从左到右的结合规则。

2.5 关系运算符与逻辑运算符

1. 关系运算符

C/C++ 语言中的关系运算符如表 2-2 所示。

表 2-2 关系运算符

关系运算符	对应的数学运算符	含 义	优 先 级
<	<	小于	高
<=	≤	小于或等于	高
>	>	大于	高
>=	≥	大于或等于	高
==	=	等于	低
!=	≠	不等于	低

表 2-2 中,关系运算符优先级次序:前 4 个关系运算符"<""<="">"">="的优先级别相同,后 2 个关系运算符"==""!="的优先级别相同,且前 4 个高于后 2 个。

请注意:如果关系运算符"<="">="=="!="中任意一个运算符中的两个符号被空格分开,就会出现语法错误。

2. 逻辑运算符

C/C++ 语言中的逻辑运算符如表 2-3 所示。

表 2-3 逻辑运算符

逻辑运算符	类 型	含 义	优 先 级	结 合 性
!	单目	逻辑非	最高	从右向左
&&	双目	逻辑与	较高	从左向右
||	双目	逻辑或	最低	从左向右

表 2-3 中的 3 个逻辑运算符的优先级均不相同,次序为"!"→"&&"→"||",即"!"是三者中优先级最高的。

用逻辑运算符连接操作数组成的表达式称为逻辑表达式。例如,数学上的表达式 a>b>c,在 C/C++ 语言中可用 a > b && b > c 逻辑表达式表示。

C/C++ 语言编译系统在表示关系表达式或逻辑表达式的结果时,以数值 1 代表"真",以 0 代表"假";但在判断一个量是否为"真"时,以 0 代表"假",以非 0 代表"真"。逻辑运算的真值如表 2-4 所示。

表 2-4 逻辑运算的真值

a	b	!a	!b	a && b	a || b
真	真	0	0	1	1
真	假	0	1	0	1
假	真	1	0	0	1
假	假	1	1	0	0

逻辑非运算的特点是:若操作数为真,则运算结果为假;反之,运算结果为真。

逻辑与运算的特点是:仅当两个操作数都为真时,运算结果才为真;只要有一个操作数为假,运算结果为假。

逻辑或运算的特点是:两个操作数中只要有一个为真,运算结果就为真;仅当两个操作数都为假时,运算结果才为假。

逻辑运算符"&&"与"||"有一些较为特殊的属性:由它们连接的表达式按从左到右的顺序进行求值,并且在知道结果值为假或真后立即停止计算。例如,假设 n1 = 1、n2 = 2、n3 = 3、n4 = 4、x = 1、y = 1,则求解表达式"(x = n1 > n2) && (y = n3 > n4)"后,x的值变为 0,而 y 的值不变,仍等于 1。

编程风格:在使用了运算符"&&"的表达式中,应该把最可能为假的条件作为表达式最左边的条件。在使用了运算符"||"的表达式中,应该把最可能为真的条件作为表达式中最左边的条件。这样可以减少程序的执行时间。

【例 2.5】 闰年判断(洛谷 P5711)。输入一个年份,判断这一年是否是闰年,如果是输出 1,否则输出 0。

输入样例 1:

```
1926
```

输出样例 1:

```
0
```

输入样例 2:

```
2000
```

输出样例 2:

```
1
```

```
#include<iostream>
using namespace std;

int main()
{
    int year;

    scanf("%d", &year);            //输入
    //判断是否满足闰年条件
    if((year %4 ==0 && year %100 !=0) || (year %400 ==0))
        puts("1");
    else
        puts("0");

    return 0;
}
```

闰年的条件是:能被 4 整除但不能被 100 整除;或者能被 400 整除。puts("1")输出 1 后换行。

2.6 自增运算符与自减运算符

自增运算符"++"使其操作数递增 1,自减运算符"――"使其操作数递减 1。它们既可用作前缀运算符(即用在变量前面,如++ x),也可以用作后缀运算符(即用在变量后面,如

x++)。

【例 2.6】 写出下列程序的运行结果。

```
1   #include<iostream>
2   using namespace std;
3
4   int main()
5   {
6     int x, y;
7
8     x = 10;
9     y = ++x;
10    printf("x=%d, y=%d\n", x, y);
11
12    x = 10;
13    y = x++;
14    printf("x=%d, y=%d\n", x, y);
15
16    return 0;
17  }
```

运行结果：

```
x=11, y=11
x=11, y=10
```

【运行结果分析】

第 9 行、第 13 行,在这两种情况下,其效果都是将变量 x 的值加 1,但是,它们之间有一点不同。表达式++x 先将 x 的值递增 1,然后再使用变量 x 的值;而表达式 x++则是先使用变量 x 的值,然后再将 x 的值递增 1。也就是说,对于使用变量 x 的上下文来说,++x 和 x++的效果是不同的。

自增运算符与自减运算符只能作用于变量,而不能作用于常量或表达式。

在不需要使用任何具体值且仅需要递增变量的情况下,前缀方式和后缀方式的效果相同。

说明：源程序各行语句前的数字为本行语句的行号,只起到标号作用,不属于源程序代码,在本书程序中均遵循这一规则。

2.7 逗号运算符

逗号运算符",",是 C/C++ 语言中优先级最低的运算符,被逗号分隔的一对表达式将按照从左到右的顺序进行求值,各表达式右边的操作数的类型和值即为其结果的类型和值。例如：

```
int a = 2, b = 4, c = 6;
int x = (a + b, b + c);
```

因为 (a + b, b + c) 是逗号表达式,按照从左到右的顺序进行求值,先计算 a + b,得到 6;然后计算 b + c,得到 10;最后把 10 赋值给变量 x,即 x=10。

某些情况下的逗号并不是逗号运算符,比如分隔函数参数的逗号、分隔声明语句中变量的逗号等,这些逗号并不保证各表达式按从左到右的顺序求值。

2.8 赋值运算符与赋值表达式

大多数二元运算符,即有左、右两个操作数的运算符,它们都有一个相应的赋值运算符 op=,其中,op 可以是下面这些运算之一：+、-、*、/、%、<<、>>、&、|、^。

如果 expr1 和 expr2 是表达式,那么

```
expr1 op= expr2
```

等价于

```
expr1 = (expr1) op (expr2)
```

例如,i += 2,读作"把 2 加到 i 上"或"i 增加 2",比表达式 i = i + 2 更自然。

另外,对于复杂的表达式,赋值运算符使程序代码更易于理解,并且赋值运算符还有助于编译器产生高效代码。

在所有的这类表达式中,赋值表达式的类型是它的左操作数的类型,其值是赋值操作完成后的值。

2.9 条件运算符与条件表达式

条件运算符(?:)是三元运算符,运算时需要三个操作数。条件表达式是由条件运算符及其相应的操作数构成的表达式,它的一般形式如下：

```
expr1 ? expr2 : expr3
```

首先计算 expr1,如果其值为真,则计算 expr2 的值,并以该值作为条件表达式的值；否则计算 expr3 的值,并以该值作为条件表达式的值。expr2 与 expr3 中只能有一个表达式被计算。

例如,maxv = a > b ? a : b 与下面这组语句：

```
if(a >b)
    maxv =a;
else
    maxv =b;
```

的功能一样。

请注意：三元运算符(? :)在使用时,这两个符号并不紧挨着出现。

【例 2.7】 字母转换(洛谷 P5704)。输入一个小写字母,输出其对应的大写字母。例如,输入 q[回车] 时,会输出 Q。

【分析】大写字母的 ASCII 码值从 65～90,小写字母的 ASCII 码值从 97～122,要将小写字母转换成相应的大写字母只需减 32 即可。如果输入的不是小写字母,则保持不变。

```
#include<iostream>
```

```
using namespace std;

int main()
{
    char ch;

    scanf("%c", &ch); //输入

    //如果是小写字母就转换成大写字母,否则不变
    ch = (ch >= 'a' && ch <= 'z') ? (ch - 32) : ch;

    printf("%c\n", ch); //输出

    return 0;
}
```

2.10 数值类型转换

可以把一个整数赋值给一个浮点型的变量,也可以把一个浮点数赋值给一个整型变量。当把一个浮点数赋值给一个整型变量时,浮点数的小数部分就被截取了。例如:

```
int a = 3.14159;        //a 的值为 3
double f = a;           //f 的值为 3
double g = 34.3;        //g 的值为 34.3
int b = g;              //b 的值为 34
```

一个二元操作符可以操作两种不同数据类型的操作数。如果一个整数和一个浮点数使用了一个二元操作符,C/C++ 会自动把整数转换为浮点数。例如:

```
double f1 = 15 / 2;     //f1 的值为 7
double f2 = 15 / 2.0;   //f2 的值 7.5
```

C++ 还允许通过转换运算符把数据由一种数据类型显式转换为另一种数据类型。语法如下：static_cast<type>(value)。例如："cout << static_cast<int>(1.7);"的结果是 1。

静态类型转换可以用(type)语法来完成,称为 C 类型转换。例如："int a = (int)5.4;"的结果是 a 的值为 5。

把一个低精度的变量转换为一个高精度的变量,称为扩展一个数据类型。把一个高精度的变量转换为一个低精度的变量称为缩小一个数据类型。例如,把一个 double 类型的数据赋值给一个 int 类型的变量,就是缩小一个数据类型的精度,会导致精度丢失,丢失信息会导致结果不精确。

类型转换并不改变被转换变量的值。

【例 2.8】 写出下列程序的运行结果。

```
#include<iostream>
using namespace std;
```

```
int main()
{
    unsigned short a;
    short b = -1;
    a = b;
    printf("%d\n", a);

    return 0;
}
```

运行结果：

65535

【运行结果分析】

在 Dev-C++ 环境下，short int 类型是 2 字节，它的取值范围为 $-2^{15} \sim 2^{15}-1$，即 $-32768 \sim 32767$。

有符号短整数在内存中是以补码形式存储的，最高位是符号位，符号位为 0 时表示正数，为 1 时表示负数。

－1 的原码、反码、补码如下：

原码：**1**000 0000 0000 0001

反码：**1**111 1111 1111 1110

补码：**1**111 1111 1111 1111

变量 b 是有符号的短整型，而变量 a 是无符号的短整型。当把 b 赋值给 a 时，b 转换为无符号的短整型，a 的补码为

1111 1111 1111 1111

正数的原码、反码、补码一样，即 a 为 65535。

2.11 运算符的优先级及求值次序

当表达式使用超过一个运算符时，就必须考虑运算符优先级。所以在处理一个多运算符的表达式时，要遵守如下规则和步骤：

(1) 当遇到一个表达式时，先区分运算符和操作数。

(2) 按照运算符的优先级排序。

(3) 将各运算符根据其结合性进行运算。

表 2-5 总结了所有运算符的优先级与结合性，同一行中的各运算符具有相同的优先级，各行间从上往下优先级逐行降低。例如，"*""/""%"三者具有相同的优先级，它们的优先级都比二元运算符"+""－"高；一元运算符"+""－""*""&"比相应的二元运算符"+""－""*""&"的优先级高。

运算符"()"表示圆括号或函数调用。运算符"."和"－＞"用于访问结构成员。运算符"(type)"用于强制类型转换。

表 2-5 运算符的优先级与结合性

运 算 符	结 合 性	运 算 符	结 合 性
() . -> []	从左至右	^	从左至右
! ~ ++ -- + - * & (type) sizeof	从右至左	|	从左至右
* / %	从左至右	&&	从左至右
+ -	从左至右	||	从左至右
<< >>	从左至右	?:	从右至左
< <= > >=	从左至右	= += -= *= /= %= &= ^= |= <<= >>=	从右至左
== !=	从左至右		
&	从左至右	,	从左至右

C/C++ 语言没有指定同一运算符中多个操作数的计算顺序("&&""||""?:"","运算符除外)。在形如

```
x = fun1() + fun2();
```

的语句中,fun1() 可以在 fun2() 之前计算,也可以在 fun2() 之后计算。因此,如果函数 fun1() 或 fun2() 改变了另一个函数所使用的变量,那么 x 的结果可能会依赖于这两个函数的计算顺序。

类似地,C/C++ 语言也没有指定函数各参数的求值顺序,在不同的编译器中可能会产生不同的结果。

函数调用、嵌套赋值语句、自增与自减运算符都有可能产生"副作用",即在对表达式求值的同时,修改了某些变量的值。在有副作用影响的表达式中,其执行结果与表达式中的变量被修改的顺序之间存在着微妙的依赖关系。

在任何一种编程语言中,如果代码的执行结果与求值顺序相关,则都是不好的程序设计风格。

练 习 2

一、单项选择题

1. 设整型变量 n = 10,i = 4,则赋值运算 n %= i + 1 执行后,n 的值是(   )。
   A. 0   B. 1   C. 2   D. 3
2. 已知"int i, a;",执行语句"i = (a = 2 * 3, a * 5), a + 6;"后,变量 a 的值是(   )。
   A. 6   B. 12   C. 30   D. 36
3. 以下选项中正确的定义语句是(   )。
   A. double a; b;   B. double a = b = 7;
   C. double a = 7, b = 7;   D. double, a, b;
4. (   )把 x、y 定义成 double 类型变量,并赋同一初值 3.14。

A. double x，y = 3.14； 　　　　B. double x，y = 2 * 3.14；
C. double x = 3.14，y = 3.14；　　D. double x = y = 3.14；

5. 以下选项中不合法的标识符是(　　)。
   A. print　　　B. FOR　　　C. &a　　　D. _00

6. 以下选项中，能用作用户标识符的是(　　)。
   A. void　　　B. 8_8　　　C. _0_　　　D. unsigned

7. 以下选项中不属于字符常量的是(　　)。
   A. 'C'　　　B. "C"　　　C. '\xCC0'　　　D. '\072'

8. 以下选项中不能作为C/C++语言合法常量的是(　　)。
   A. 'cd'　　　B. 0.1e+6　　　C. "\a"　　　D. '\011'

9. 以下所列的C/C++语言常量中，错误的是(　　)。
   A. 0xFF　　　B. 1.2e0.5　　　C. 2L　　　D. '\72'

10. 若变量已正确定义并赋值，表达式(　　)不符合C/C++语言语法。
    A. a * b / c　　　B. 3.14 % 2　　　C. 2, b　　　D. a / b / c

11. 设变量已正确定义并赋值，以下正确的表达式是(　　)。
    A. x = y * 5 = x + z　　　B. int(15.8 % 5)
    C. x = y + z + 5, ++ y　　D. x = 25 % 5.0

12. 已有定义"char c;"，不能用于判断c中的字符是否为大写字母的表达式是(　　)。
    A. isupper(c)
    B. 'A' <= c <= 'Z'
    C. 'A' <= c && c <= 'Z'
    D. c <= ('z' - 32) && ('a' - 32) <= c

13. 以下关于逻辑运算符两侧运算对象的叙述中正确的是(　　)。
    A. 只能是整数0或1
    B. 只能是整数0或非0的整数
    C. 可以是结构体类型的数据
    D. 可是任意合法的表达式

14. 以下选项中，当x为大于1的奇数时，值为0的表达式是(　　)。
    A. x % 2 == 1　　　B. x / 2　　　C. x % 2 != 0　　　D. x % 2 == 0

15. 设有定义"int x = 2;"，以下表达式中，值不为6的是(　　)。
    A. x *= x + 1　　　B. x ++, 2 * x　　　C. x *= (x + 1)　　　D. 2 * x, x += 2

16. 以下选项中不正确的实型常量是(　　)。
    A. 0.23E+1　　　B. 2.3e-1　　　C. 1E3.2　　　D. 2.3e0

17. 表达式(　　)的值不是1。
    A. 0 ? 0 : 1　　　B. 5 % 4　　　C. !EOF　　　D. !NULL

18. 表达式 !(x > 0 && y > 0) 等价于(　　)。
    A. !(x>0) || !(y>0)
    B. !x>0 || !y>0
    C. !x>0 && !y>0
    D. !(x>0) && !(y>0)

19. 设变量定义为"int a, b;"，执行 scanf("a=%d, b=%d", &a, &b); 语句时，输入(　　)，则 a 和 b 的值都是 10。
    A. 10 10　　　B. 10, 10　　　C. a=10 b=10　　　D. a=10, b=10

20. 执行 printf("%d,%c", 'b', 'b'+1); 语句的输出是(　　)。
    A. 98, b　　　B. 语句不合法　　　C. 98, 99　　　D. 98, c

21. 表达式 !x 等价于(　　)。

　　A. x == 0　　　　B. x == 1　　　　C. x != 0　　　　D. x != 1

22. 若变量已正确定义且 k 的值是 4,计算表达式（j = k --）后,(　　)。

　　A. j = 3, k = 3　　B. j = 3, k = 4　　C. j = 4, k = 4　　D. j = 4, k = 3

23. 下列运算符中,优先级最高的是(　　)。

　　A. ->　　　　　　B. ++　　　　　　C. &&　　　　　　D. =

24. 下列运算符中,优先级最低的是(　　)。

　　A. *　　　　　　　B. !=　　　　　　C. +　　　　　　　D. =

25. 算术运算符、赋值运算符和关系运算符的运算优先级按从高到低的顺序依次为(　　)。

　　A. 算术运算、赋值运算、关系运算　　　B. 关系运算、赋值运算、算术运算
　　C. 算术运算、关系运算、赋值运算　　　D. 关系运算、算术运算、赋值运算

26. 若有以下程序段(n 所赋的是八进制数)执行后输出结果是(　　)。

```
int m = 32767, n = 032767;
printf("%d,%o\n", m, n);
```

　　A. 32767,32767　　　　　　　　　　　B. 32767,032767
　　C. 32767,77777　　　　　　　　　　　D. 32767,077777

27. 下列关于单目运算符++、--的叙述中正确的是(　　)。

　　A. 它们的运算对象可以是任何变量和常量
　　B. 它们的运算对象可以是 char 类型变量和 int 类型变量,但不能是 float 类型变量
　　C. 它们的运算对象可以是 int 类型变量,但不能是 double 类型变量和 float 类型变量
　　D. 它们的运算对象可以是 char 类型变量、int 类型变量、float 类型变量和 double 类型变量

二、程序设计题

1. 程序运行时间(PAT 乙级 1026)。假设常数 CLK_TCK 为 100。现给定被测函数前后两次获得的时钟打点数,请给出被测函数运行的时间。

　　输入在一行中顺序给出两个整数 C1 和 C2。注意两次获得的时钟打点数肯定不相同,即 C1<C2,并且取值在 [0, 10^7]。

　　在一行中输出被测函数运行的时间。运行时间必须按照 hh:mm:ss(即 2 位的"时:分:秒")格式输出;不足 1 秒的时间四舍五入到秒。

　　输入样例：

```
123 4577973
```

　　输出样例：

```
12:42:59
```

2. 霍格沃茨找零钱(PAT 乙级 1037)。如果你是哈利·波特迷,你会知道魔法世界有它自己的货币系统 —— 就如海格告诉哈利的:"十七个银西可(Sickle)兑一个加隆

(Galleon),二十九个纳特(Knut)兑一个西可,很容易。"现在,给定哈利应付的价钱 P 和他实付的钱 A,你的任务是写一个程序来计算他应该被找的零钱。

输入在一行中分别给出 P 和 A,格式为 Galleon.Sickle.Knut,其间用一个空格分隔。这里 Galleon 是 $[0, 10^7]$ 区间内的整数,Sickle 是 $[0, 17)$ 区间内的整数,Knut 是 $[0, 29)$ 区间内的整数。

输出时,在一行中用与输入同样的格式输出哈利应该被找的零钱。如果他没带够钱,那么输出的应该是负数。

输入样例 1:

```
10.16.27 14.1.28
```

输出样例 1:

```
3.2.1
```

输入样例 2:

```
14.1.28 10.16.27
```

输出样例 2:

```
-3.2.1
```

第 3 章 分 支 结 构

计算机在执行程序时,可以根据条件选择所要执行的语句,这就是分支结构。

在 C/C++ 语言中,使用分支语句来实现选择,它们根据条件判断的结果选择所要执行的程序分支,其中条件可以是关系表达式或逻辑表达式。分支语句包括 if-else 语句、else-if 语句和 switch 语句。

3.1 实例导入

【例 3.1】 输入 x,计算并输出下列分段函数的值,结果保留 3 位小数。

$$y=\begin{cases}x+2, & 1\leqslant x\leqslant 2\\ x+1, & 其他\end{cases}$$

例 3.1

输入样例 1:

```
1.6
```

输出样例 1:

```
3.600
```

输入样例 2:

```
-10
```

输出样例 2:

```
-9.000
```

【分析】算法设计如下:

```
Step1   输入一个数给 x;
Step2   如果 x 在[1, 2]范围内,那么就计算 x+2 的值,并把这个值给 f;
Step3   否则,就计算 x+1 的值,并把这个值给 f;
Step4   输出 f。
```

这是一个二分支问题,可以用 if-else 语句来表达。

```
#include<bits/stdc++.h>
using namespace std;

int main()
```

```
{
    double x, f;                        //定义两个双精度浮点型变量 x 和 f

    scanf("%lf", &x);                   //输入 x。double 类型输入用%lf
    if(x >=1 && x <=2)                  //1≤x≤2,用 x≥1 并且 x≤2 来表示
        f = x +2;
    else                                //其他情况
        f = x +1;
    printf("%.3f\n", f);                //输出

    return 0;
}
```

3.2　语句与程序块

在表达式之后加上一个分号";",它们就变成了语句。在 C/C++ 语言中,分号是语句结束符。如果只有分号";",就称为空语句。

用一对花括号"{"与"}"把一组语句括在一起就构成了一个程序块,也叫复合语句。复合语句在语法上等价于单条语句,可以用在单条语句可以使用的任何地方。

3.3　if-else 语句

if-else 语句是实现二路选择的语句。其语法如下:

```
if(表达式)
    语句 1
[else
    语句 2]
```

其中 else 部分是可选的。在 if 语句执行时,首先计算表达式的值,如果其值为真(即如果表达式的值非 0),那么就执行语句 1;如果其值为假(即如果表达式的值为 0),并且包含 else 部分,那么就执行语句 2。这里的语句可以是单条语句,也可以是用花括号括住的复合语句。if-else 语句的执行流程如图 3-1 所示。

由于 if 语句只是测试表达式的数值,因此表达式可以采用比较简洁的形式。例如,可用 if(表达式)代替 if(表达式!= 0)。

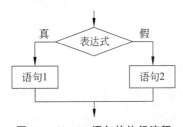

图 3-1　if -else 语句的执行流程

由于 if-else 语句的 else 部分是可选的,当在嵌套的 if 语句序列中省略某个 else 部分时会引起歧义。解决的方法是将每个 else 与最近的没有 else 匹配的 if 进行匹配,例如:

```
if(n >0)
    if(a >b)
        z =a;
    else
        z =b;
```

程序的缩进结构明确地表明了设计意图,即 else 部分与内层的 if 匹配。如果这不符合我们的意图,则必须用花括号强制实现正确的匹配关系,例如,

```
if(n > 0)
{
    if(a > b)
        z = a;
}
else
    z = b;
```

【例 3.2】 比较大小(天梯赛 L1-010)。本题要求将输入的任意三个整数从小到大输出。

输入在一行中给出三个整数,其间以空格分隔。在一行中将三个整数从小到大输出,其间以"->"相连。

例 3.2

输入样例:

```
4 2 8
```

输出样例:

```
2->4->8
```

【分析】先比较 a、b、c 这三个整数的大小,通过一定的算法得到 a≤b≤c,然后输出 a、b、c,就达到了题目的要求。我们可以采取两两比较的方法,算法设计如下:

```
Step1 输入 a、b、c;
Step2
    Step2.1 如果 a>b,那么 a 与 b 对换,交换后 a<b
    Step2.2 如果 a>c,那么 a 与 c 对换,交换后 a<c
    Step2.3 如果 b>c,那么 b 与 c 对换,交换后 b<c
Step3 输出 a、b、c。
```

在 Step2 中,它的三个步骤都是关于两个数的交换。怎么实现两个数的交换呢?假设,现在要交换两个变量 a 与 b 的内容,可以用一个中间变量 tmp 来进行帮助。这有点类似有两个杯子,一个杯子中是咖啡,一个杯子中是牛奶,现在要交换它们的内容,怎么做?很容易,再拿一个杯子来进行帮助就行了。请看示意图(见图 3-2)。

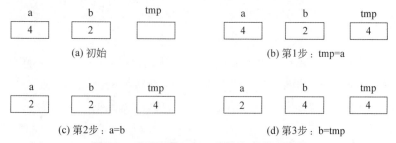

图 3-2 实现变量 a 与 b 交换内容的示意图

初始时 tmp 变量中是随机数,用空白表示。这里要注意交换次序,交换次序不对会导致交换不成功。

```
 1  #include<bits/stdc++.h>
 2  using namespace std;
 3
 4  int main()
 5  {
 6    int a, b, c, tmp;  //定义 4 个整型变量
 7
 8    //从键盘输入三个整数,输入时用空格隔开
 9    scanf("%d%d%d", &a, &b, &c);
10
11    if(a >b)  //如果 a>b,则交换 a、b 的值
12      tmp =a, a =b, b =tmp;
13    if(a >c)  //如果 a>c,则交换 a、c 的值
14      tmp =a, a =c, c =tmp;
15    if(b >c)  //如果 b>c,则交换 b、c 的值
16      tmp =b, b =c, c =tmp;
17
18    printf("%d->%d->%d\n", a, b, c);
19
20    return 0;
21  }
```

思考：上面程序的第 12 行、第 14 行、第 16 行,功能相同,都是完成两个变量的交换,语句类似。如果还有两组要交换的变量,可以采取复制、修改的办法,再加两段类似的代码。可是这样是不是很烦琐？有没有办法简化这个程序呢？

3.4　else-if 语句

else-if 语句是最常用的实现多路选择的语句,其语法如下：

```
if(表达式 1)
    语句 1
else if(表达式 2)
    语句 2
…
else if(表达式 n-1)
    语句 n-1
else
    语句 n
```

首先求解表达式 1,如果表达式 1 的值为"真",则执行语句 1,并结束整个 if 语句的执行;否则,求解表达式 2……最后的 else 处理条件都不满足的情况,即表达式 1,表达式 2,…,表达式 n—1 的值都为"假"时,执行语句 n。它的执行流程如图 3-3 所示。

说明：

(1) 各语句既可以是单条语句,也可以是用花括号括住的复合语句。

(2) 最后一个 else 部分用于处理"上述条件均不成立"的情况或默认情况,也就是当上面的各个条件均不满足时的情况。有时并不需要针对默认情况执行显式的操作,这种情况下,可以把该结构末尾的

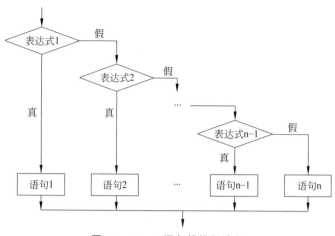

图 3-3　else-if 语句的执行流程

```
else
    语句 n
```

部分省略掉。该部分也可以用来检查错误,捕获"不可能"的条件。

【例 3.3】　判断数正负(信息学奥赛一本通 1039)。给定一个整数 N,判断其正负。如果 N>0,输出 positive;如果 N=0,输出 zero;如果 N<0,输出 negative。

输入样例:

```
1
```

输出样例:

```
positive.
```

【分析】根据题目的要求、输入样例和输出样例,算法设计如下:

```
Step1 输入一个数 n;
Step2 如果 n>0,输出"positive";
Step3 如果 n=0,输出"zero";
Step4 如果 n<0,输出"negative"。
```

这样,我们就可以用三条 if-else 语句来表达分支:

```
if(n > 0)                    //如果 n>0
    puts("positive");
if(n == 0)                   //如果 n=0
    puts("zero");
if(n < 0)                    //如果 n<0
    puts("negative");
```

但如果要用 else-if 语句来表达,就要对算法设计稍做修改:

```
Step1 输入一个数 n;
Step2
    Step2.1 如果 n>0,输出"positive";
    Step2.2 否则,如果 n=0,输出"zero";
    Step2.3 否则,输出"negative"。
```

例 3.3

```
#include<bits/stdc++.h>
using namespace std;

int main()
{
    int n;                      //定义 1 个整型变量

    scanf("%d", &n);            //输入

    if(n >0)                    //如果 n>0
        puts("positive");
    else if(n ==0)              //否则,如果 n=0
        puts("zero");
    else                        //否则,就是既不满足 n>0,也不满足 n=0
        puts("negative");

    return 0;
}
```

在例 3.3 中,用三条 if-else 语句还是用一条 else-if 语句? 一条 else-if 语句比三条 if-else 语句要紧凑,但是没有什么大的区别,这依据个人喜好进行选择。

3.5 switch 语句

switch 语句是一种多路选择语句,它测试表达式是否与一些常量整数值中的某一个值匹配,并执行相应的分支动作。其语法如下:

```
switch(表达式)
{
    case 常量表达式 1:
        语句 1
    case 常量表达式 2:
        语句 2
    …
    case 常量表达式 n:
        语句 n
    [default:
        语句 n+1]
}
```

switch 语句相当于一系列的 else-if 语句,被测试的表达式写在关键字 switch 后面的圆括号中,表达式只能是 char 类型或 int 类型,这在一定程度上限制了 switch 语句的应用。在关键字 case 后面的是常量,常量的类型应与关键字 switch 后面的圆括号内的表达式的类型一致。

switch 语句的执行过程如下:

(1) 每个分支都由一个整数值常量或常量表达式标记。如果某个分支与表达式的值匹配,则从该分支开始执行。

(2) 各分支表达式必须互不相同。如果没有哪一个分支能匹配表达式,则执行标记为

default 的分支。

（3）如果没有 default 分支也没有其他分支与表达式的值匹配，则该 switch 语句不执行任何动作。

假设 switch 语句有 default 分支并且在最后，它的执行流程如图 3-4 所示。

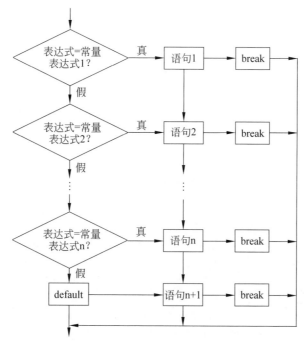

图 3-4　switch 语句的执行流程

注意事项：

（1）一条 switch 语句最多只有一个 default 子句。

（2）case 分支和 default 分支能够以任意顺序出现，但作为一种良好的程序设计风格，把 default 分支放在最后。

（3）在 switch 语句中，case 的作用只是一个标号，因此，某个分支中的代码执行完后，程序将进入下一个分支继续执行，除非在程序中显式地跳转。

（4）跳出 switch 语句最常用的方法是使用 break 语句或 return 语句。

编程风格：在 switch 语句中，最后一个分支不需要 break 语句，但有些程序员还是包含了这条 break 语句，其目的是确保程序清晰以及最后一个分支与其他 case 分支对称。

【**例 3.4**】　简单计算器（信息学奥赛一本通 2058）。一个最简单的计算器支持＋、－、＊、／四种运算。输入只有一行：两个参加运算的数和一个操作符（＋、－、＊、／）。输出为运算表达式的结果。考虑下面两种情况。

（1）如果出现除数为 0 的情况，则输出

```
Divided by zero!
```

（2）如果出现无效的操作符（即不为＋、－、＊、／之一），则输出

```
Invalid operator!
```

输入样例 1：

34 56 +

输出样例 1：

90

输入样例 2：

2 1.2 -

输出样例 2：

0.8

【分析】

根据题意，这道题是根据不同的运算符完成不同的运算。算法设计如下：

```
Step1  输入一个形如"操作数 操作数 运算符"的四则运算表达式。这里用 num1、num2 表示操作
数，用 op 表示运算符。
Step2  对运算符 op 进行判断，做不同的运算：
    Step2.1  如果是"+"，就做 num1+num2；
    Step2.2  如果是"-"，就做 num1-num2；
    Step2.3  如果是"*"，就做 num1*num2；
    Step2.4  如果是"/"，就做 num1/num2（这里要注意除数是零的情况）；
    Step2.5  否则，按题目的要求、输入样例和输出样例进行处理。
Step3  输出运算结果。
```

在 Step2 中是一个多路选择问题，既可以用 else-if 语句来表示也可以用 switch 语句来表示。所以，实现这道题有两种方法。

【第 1 种方法】用 switch 语句实现。

```cpp
#include<bits/stdc++.h>
using namespace std;

int main()
{
    double num1, num2;
    char op;

    //double 类型输入用%lf
    scanf("%lf %lf %c", &num1, &num2, &op);

    switch(op)
    {
        case '+':
            printf("%g\n", num1+num2);
            break;
        case '-':
            printf("%g\n", num1-num2);
            break;
        case '*':
```

```
                printf("%g\n", num1 * num2);
                break;
            case '/':
                if(num2 !=0)
                    printf("%g\n", num1 / num2);
                else
                    printf("Divided by zero!\n");
                break;
            default:
                printf("Invalid operator!\n");
                break;
        }

    return 0;
}
```

【第 2 种方法】用 else-if 语句实现。

```
#include<bits/stdc++.h>
using namespace std;

int main()
{
    double num1, num2;
    char op;

    //double 类型输入用%lf
    scanf("%lf %lf %c", &num1, &num2, &op);

    if(op == '+')                          //运算符如果是加法
        printf("%g\n", num1 + num2);
    else if(op == '-')                     //运算符如果是减法
        printf("%g\n", num1 - num2);
    else if(op == '*')                     //运算符如果是乘法
        printf("%g\n", num1 * num2);
    else if(op == '/')                     //运算符如果是除法
    {
        if(num2 !=0)
            printf("%g\n", num1 / num2);
        else
            printf("Divided by zero!\n");
    }
    else                                   //运算符如果不是加、减、乘、除
        printf("Invalid operator!\n");

    return 0;
}
```

在例 3.4 中，这两种方法哪种好？这很难判断，这依据个人喜好进行选择。但一般来说，很多人比较偏爱 else-if 语句，因为如果 op 不是整型或字符型用 switch 语句就要进行转换，这比较麻烦，而用 else-if 语句就不用考虑这些问题。

3.6 应用实例

【例 3.5】把成绩的百分制转换为五分制。用 score 表示某门课程成绩,转换规则如下:

- score<60,不及格;
- 60≤score<70,及格;
- 70≤score<80,中等;
- 80≤score<90,良好;
- 90≤score≤100,优秀。

【分析】

根据题意,算法设计如下:

```
Step1 输入一个成绩 score;
Step2 根据转换规则,将百分制的成绩 score 转换成五分制
    Step2.1 如果 score<60,不及格;
    Step2.2 如果 score>=60 并且 score<70,及格;
    Step2.3 如果 score>=70 并且 score<80,中等;
    Step2.4 如果 score>=80 并且 score<90,良好;
    Step2.5 如果 score>=90 并且 score<=100,优秀。
```

在 Step2 中是一个多路选择问题,既可以用 else-if 语句来表示,也可以用 switch 语句来表示。

如果用 switch 语句来表示,对于这个问题来说比较麻烦,因为成绩不一定就是一个整数,它可以是实数,这不符合 switch 语句的使用规则,需要进行转换。可以采取如下方式:grade=score/10,也就是把成绩转换成级别,即 100 分的成绩对应 grade=10,90≤score<100 范围内的成绩对应 grade=9,80≤score<90 范围内的成绩对应 grade=8,…,60≤score<70 范围内的成绩对应 grade=6。

这里,采用 else-if 语句实现多路分支。

```
#include<bits/stdc++.h>
using namespace std;

int main()
{
    double score;              //定义1个双精度浮点型变量

    scanf("%lf", &score);      //输入时用%lf 格式

    if(score <60)
        printf("不及格\n");
    else if(score >=60 && score <70)
        printf("及格\n");
    else if(score >=70 && score <80)
        printf("中等\n");
    else if(score >=80 && score <90)
        printf("良好\n");
    else
        printf("优秀\n");
```

```
        return 0;
}
```

上面的程序粗略看没有什么问题,但是一般情况下学生的成绩应该呈正态分布,也就是学生成绩大部分处于中等或良好的范围,优秀和不及格都应该较少。而上面的程序,使得所有的成绩都需要先判断是否及格,再逐级而上得到结果。当输入量很大时,算法的效率很低。可以对上面的程序做如下改进。

```
#include<bits/stdc++.h>
using namespace std;

int main()
{
    double score;                   //定义1个双精度浮点型变量

    scanf("%lf", &score);           //输入时用%lf格式

    if(score <80)
    {
        if(score <70)
        {
            if(score <60) printf("不及格\n");
            else printf("及格\n");
        }
        else
            printf("中等\n");
    }
    else
    {
        if(score <90) printf("良好\n");
        else printf("优秀\n");
    }

    return 0;
}
```

对于上面改进的程序,其流程如图 3-5 所示。

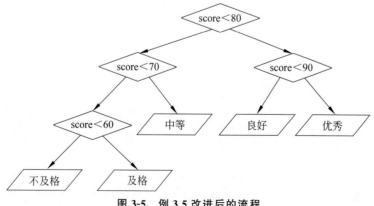

图 3-5　例 3.5 改进后的流程

当输入量很大时,改进的程序比原来的程序效率高。请大家思考这是为什么?

练 习 3

一、单项选择题

1. 以下是 if 语句的基本形式:

```
if(表达式)
    语句
```

其中"表达式"(　　)。

  A. 必须是逻辑表达式　　　　　　　　B. 必须是关系表达式

  C. 必须是逻辑表达式或关系表达式　　D. 可以是任意合法的表达式

2. 在 if(x)语句中的 x 与下面条件表达式等价的是(　　)。

  A. x != 0　　　B. x == 1　　　C. x != 1　　　D. x == 0

3. 若变量已正确定义,语句"if(a>b) k=0; else k=1;"和(　　)等价。

  A. k = (a > b) ? 1 : 0;　　　　　B. k = a > b;

  C. k = a <= b;　　　　　　　　D. a <= b ? 0 : 1;

4. 在下面的语句中只有一条在功能上与其他三条语句不等价,这条不等价的语句是(　　)。其中 s1 和 s2 表示语句。

  A. if (a) s1; else s2;　　　　　　B. if (!a) s2; else s1;

  C. if (a != 0) s1; else s2;　　　　D. if (a == 0) s1; else s2;

5. 在嵌套使用 if 语句时,C/C++ 语言规定 else 总是(　　)。

  A. 和之前与其具有相同缩进位置的 if 配对

  B. 和之前与其最近的 if 配对

  C. 和之前与其最近的且不带 else 的 if 配对

  D. 和之前的第一个 if 配对

6. 设有声明语句"int a = 1, b = 0;",则执行以下语句后输出为(　　)。

```
switch(a)
{
    case 1:
        switch (b)
        {
            case 0:
              printf("* * 0 * * ");
              break;
            case 1:
              printf("* * 1 * * ");
              break;
        }
    case 2:
```

```
        printf("* *2* *");
        break;
}
```

A. **2**　　　　　B. **0****2**　　　　　C. **1****2**　　　　　D. **0**

二、程序设计题

1. 自动找人系统(信友队9302)。给定三个参数a、b、c,为年、月、日(不考虑闰年),表示一个时间节点。要找出在两个时间节点之间的时间(包括两个时间节点本身)。现在给定两个时间节点和一个时间,判断这个时间是否在这个时间段之中。

输入三行,即三个时间,每行有三个数,表示年、月、日。前两行表示两个时间节点(不一定按照第一个小于第二个的顺序给出),最后一行是要判断的时间。应保证三个时间合法。

输出一个"Yes"或者"No"表示这个时间是否在这个时间段之中。

输入样例:

```
2007 1 1
2007 12 31
2007 3 22
```

输出样例:

```
Yes
```

2. Maoge的数学测试(信友队9304)。Maoge在他的数学测试中遇到了一个他认为很难的问题。这是一个关于分段函数的问题。这个函数描述如下:

$$y=\begin{cases} x, & x<2 \\ x^2+1, & 2\leqslant x\leqslant 6 \\ \sqrt{x+1}, & 6\leqslant x<10 \\ \dfrac{1}{x+1}, & 10\leqslant x \end{cases}$$

给定一个x($0\leqslant x\leqslant 20$),请计算相应的y值。保留两位小数。

输入样例:

```
3
```

输出样例:

```
10.00
```

3. 三角形判断(信息学奥赛一本通1054)。给定三个正整数,分别表示三条线段的长度,判断这三条线段能否构成一个三角形。如果能构成三角形,则输出"yes",否则输出"no"。

输入样例:

```
3 4 5
```

输出样例:

```
yes
```

4. 计算邮资（信息学奥赛一本通 1052）。根据邮件的质量和用户是否选择加急计算邮费。计算规则：质量在 1000 克以内（包括 1000 克），基本费 8 元。超过 1000 克的部分，每 500 克加收超重费 4 元，不足 500 克部分按 500 克计算；如果用户选择加急，多收 5 元。

输入一行，包含一个整数和一个字符，以一个空格分开，分别表示质量（单位为克）和是否加急。如果字符是 y，说明选择加急；如果字符是 n，说明不加急。

输出一行，包含一个整数，表示邮费。

输入样例：

```
1200 y
```

输出样例：

```
17
```

5. 企业奖金（信友队 9303）。Maoge 所在的企业发放的奖金根据利润提成。利润有如下规律：

- 低于或等于 10 万元时，奖金可提 10%；
- 10 万～20 万（含）时，低于 10 万元的部分按 10% 提成，高于 10 万元的部分，可提成 7.5%；
- 20 万～40 万（含）时，高于 20 万元的部分，可提成 5%；
- 40 万～60 万（含）时，高于 40 万元的部分，可提成 3%；
- 60 万～100 万（含）时，高于 60 万元的部分，可提成 1.5%；
- 高于 100 万元时，超过 100 万元的部分按 1% 提成。

计算应发的奖金总数。输入一个利润数（单位是万元）。输出一个浮点数，表示奖金总数，保留两位小数。

输入样例：

```
35
```

输出样例：

```
2.50
```

6. 约会（信友队 1179）。小蓝准备去和小红约会，小蓝和小红居住在一个平面直角坐标系的不同位置，小蓝的家在 (0, 0) 位置，小红的家在 (a, b) 位置。小蓝每一步可以往上、下、左、右中的任意一个方向移动一个单位，换句话说，他可以从 (x,y) 走到 (x+1,y)、(x-1, y)、(x, y+1)、(x, y-1) 中的一个位置。

不幸的是小蓝的方向感比较差，所以他每次随机选择了一个方向走出去，有时候可能走着走着走回了自己的家；有时候可能已经走到了小红的家还没有发现，又继续走。

幸运的是，在一个月黑风高的夜晚，他终于走到了小红的家，他高兴地对小红说："从我家到你家我走了 step 步。"现在请帮小红计算一下，从小蓝的家走到小红的家有没有可能走 step 步？

输入一行，包含三个整数：a、b、step。输出一行，如果可能输出"Yes"，否则输出"No"。

输入样例 1：

```
5 5 11
```

输出样例1：

```
No
```

输入样例2：

```
10 15 25
```

输出样例2：

```
Yes
```

第4章 循环结构

在程序设计中,如果需要重复执行某些操作,就要用到循环结构。C/C++语言提供了三种循环:while循环、for循环和do-while循环。

4.1 实例导入

例4.1

【例4.1】 编程计算1+2+3+4+5+6+7+8+9+10的值。
输入样例:
本题无输入。
输出样例:
55

【分析】这道题是多个整数的相加,算法设计如下:

Step1 计算 1+2+3+4+5+6+7+8+9+10 之和,并把结果给 sum;
Step2 输出 sum。

```
#include<bits/stdc++.h>
using namespace std;

int main()
{
    int sum;                              //定义两个整型变量

    sum = 1+2+3+4+5+6+7+8+9+10;           //第 8 行
    printf("%d\n", sum);                  //输出 sum 的值

    return 0;
}
```

请大家想想,如果要计算 $1+2+\cdots+100$,那第8行就比较长了。再夸张一点,如果要计算 $1+2+\cdots+10000$,那就更长了,敲键盘都要敲到手抽筋。

有人说,这也太傻了,为什么要采取这种方式?可以用高斯公式来解决这个问题,把第8行改成 sum = (1 + 10000) * 10000 / 2 就可以了。

是啊,这个问题是解决了,可是如果要解决类似的问题,比如计算 $1+1/2+\cdots+1/10000$,高斯公式还管用吗?

好了,现在向大家介绍 C/C++ 语言的循环结构,就能轻松解决这一系列问题了。对这

道题再重新设计算法,对多个数的相加分为两个阶段:

```
Step1 处理阶段。
变量 sum 用于存放累加和,然后
i=1 时,    sum=sum+1;
i=2 时,    sum=sum+2;
…
i=10 时,   sum=sum+10;
这些语句非常类似,只是 i 的值从 1 变化到 10。于是可以写成
循环执行,i 的值从 1 变化到 10
{
   sum=sum+i;
}
Step2 输出阶段。
输出计算结果 sum。
```

在 Step2 只要调用 printf()函数输出结果即可。现在我们集中精力于 Step1。通过分析,只要构建

```
循环执行,i 的值从 1 变化到 10
{
   sum=sum+i;
}
```

这个循环结构即可。接下来分别用 C/C++ 语言提供的三种循环语句来解决这个问题。

【第 1 种方法】用 while 循环语句。

```
#include<bits/stdc++.h>
using namespace std;

int main()
{
    int i, sum;           //定义两个整型变量

    sum=0;                //给变量 sum 赋值
    i=1;                  //给变量 i 赋值
    while(i<=10)          //如果 i≤10,则循环(即重复处理)
    {
        sum=sum+i;
        i++;              //i 的值增加 1。与++i 语句和 i=i+1 语句都等价
    }
    printf("%d\n", sum);  //输出 sum 的值

    return 0;
}
```

while 循环语句的执行过程是这样的:首先测试圆括号中的条件,如果条件为真,则执行循环体;然后再重新测试圆括号中的条件,如果为真,则再次执行循环体;当圆括号中的条件测试结果为假时,循环结束,并继续执行 while 循环语句的下一条语句。

请注意:存放累加和的变量必须先赋"0"值,因为在 C/C++ 语言中局部变量在被赋值

前是随机数。

【第2种方法】用 for 循环语句。

```
#include<bits/stdc++.h>
using namespace std;

int main()
{
    int sum;                          //定义一个整型变量

    sum = 0;                          //给变量 sum 赋值
    for(int i =1; i <=10; i ++)       //如果 i≤10,则循环(即重复处理)
    {
        sum = sum + i;
    }
    printf("%d\n", sum);              //输出 sum 的值

    return 0;
}
```

for 循环语句包括三部分：①初始化部分,仅在进入循环前执行一次;②条件部分,将对该条件求值,如果结果值为真,则执行循环体;③增加步长部分,将循环变量增加一个步长,并再次对条件求值,条件值为真继续循环,如果为假,循环将终止执行。

【第3种方法】用 do-while 循环语句。

```
#include<bits/stdc++.h>
using namespace std;

int main()
{
    int i, sum;                       //定义两个整型变量

    sum = 0;                          //给变量 sum 赋值
    i = 1;
    do
    {
        sum = sum + i;
        i ++;
    }while(i <=10);                   //如果 i≤10,则循环(即重复处理)
    printf("%d\n", sum);              //输出 sum 的值

    return 0;
}
```

do-while 循环语句的执行过程是这样的：首先执行循环体,然后测试圆括号中的条件,如果为真,则再次执行循环体;结果为假时,循环结束,并继续执行 do-while 循环语句的下一条语句。

请注意：三种方法中除了有灰色底纹的部分不一样,其他部分完全相同。

请思考如下几题怎么实现：

(1) 计算 1 + 2 + … + 10000 之和；

(2) 计算 1 + 3 + 5 + … + 9 之和；

(3) 计算 1 + 1/2 + … + 1/10000 之和。

4.2 while 循环

while 循环语句的语法如下：

```
while(表达式)
{
    语句
}
```

此循环语句首先计算表达式的值，如果其值为真(即非 0)，则执行语句，并再次计算该表达式的值。这一循环过程一直进行下去，直到该表达式的值为假(即 0)为止，跳出 while 循环，执行 while 循环语句后面的部分。while 循环语句的执行流程如图 4-1 所示。

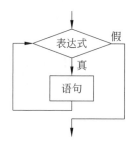

图 4-1 while 循环语句的执行流程

【例 4.2】 编程计算 1×2×3×…×10 的值。

输入样例：

本题无输入。

输出样例：

```
3628800
```

【分析】这道题类似例 4.1，算法设计如下：

```
Step1 处理阶段。
变量 t 用于存放累乘积，然后
i=1 时，  t=t * 1;
i=2 时,   t=t * 2;
…
i=10 时,  t=t * 10;
这些语句非常类似，只是 i 的值从 1 变化到 10。于是可以写成
循环执行,i 的值从 1 变化到 10
{
   t=t * i;
}
Step2 输出阶段。
输出计算结果 t。
```

```
#include<bits/stdc++.h>
using namespace std;

int main()
{
    int i, t;                   //定义两个整型变量

    t =1;                       //给变量 t 赋值
    i =1;                       //给变量 i 赋值
    while(i <=10)               //如果 i≤10,则循环(即重复处理)
    {
        t =t * i;
        i ++;                   //i 的值增加 1。与++i 语句和 i=i+1 语句都等价
    }
    printf("%d\n", t);          //输出 t 的值

    return 0;
}
```

请注意：存放累乘积的变量必须先赋"1"值，因为在 C/C++ 语言中局部变量在被赋值前是随机数。

【例 4.3】 编程计算如下数列的和，要保证每项的绝对值大于或等于 10^{-4}，结果保留 4 位小数。

$$1-\frac{1}{2}+\frac{1}{3}-\frac{1}{4}+\cdots+\frac{1}{99}-\frac{1}{100}+\cdots+(-1)^{i+1}\frac{1}{i}+\cdots$$

例 4.3

输入样例：

本题无输入。

输出样例：

0.6931

【分析】

这是一个累加问题，本质上与例 4.1 没有区别，但是例 4.1 是一个循环次数确定的循环，而这道题循环次数不确定，只是有一个循环结束条件，即直到最后一项的绝对值小于 10^{-4}。算法设计如下：

Step1 处理阶段。
变量 sum 用于存放累加和，然后
i=1 时， sum =sum +1/**1**;
i=2 时， sum =sum -1/**2**;
i=3 时， sum =sum +1/**3**;
i=4 时， sum =sum -1/**4**;
…
i=99 时， sum =sum +1/**99**;
i=100 时, sum =sum -1/**100**;
…

这些语句非常类似，只是 i 的值在变化，导致 sum 所加的项也在不断变化。用 item 表示第 i 项，当 i 是奇数时 item=1/i，当 i 是偶数时 item=-1/i，所以可以把它统一成 item=±1/i。但是，在 C/C++ 语言中，如果 i 为整数，当 i>1 时，1/i=0，所以改成 item=±1.0/i。

于是上面那些语句可以写成
循环执行,i 的值不断变化,直到最后一项的绝对值小于 10-4
{
   sum = sum + item;
}
Step2 输出阶段。
输出计算结果 sum。

【第 1 种方法】

```
#include<bits/stdc++.h>
using namespace std;

#define LIMIT 0.0001

int main()
{
    int i;
    double sum, item;

    sum = 0;
    i = 1;
    item = 1;                    //第 1 项
    while(fabs(item) >= LIMIT)
    {
        sum = sum + item;

        //计算下一项
        i ++;
        if(i % 2 != 0)           //i 为奇数
            item = 1.0 / i;
        else                     //i 为偶数
            item = -1.0/i;
    }
    printf("%.4f\n", sum);

    return 0;
}
```

请注意：if(i％2!=0)也可写成 if(i％2),由于 if 语句只是测试表达式的值,非零为真,零为假。

【第 2 种方法】

本题的正负号,还可以用一个变量 flag 来控制。设第 1 项的 flag = 1;第 2 项的 flag = −flag,此时 flag = −1;第 3 项的 flag = −flag,此时 flag=1;以此类推。

```
#include<bits/stdc++.h>
using namespace std;

int main()
{
    int i, flag;
    double sum, item;
```

```
    sum = 0;
    i = 1;
    flag = 1;
    item = 1;                              //第 1 项
    while(fabs(item) >= 1e-4)
    {
        sum = sum + item;

        //计算下一项
        i ++;
        flag = -flag;
        item = flag * 1.0 / i;
    }
    printf("%.4f\n", sum);

    return 0;
}
```

4.3　for 循环

for 循环语句的语法如下：

```
for(表达式 1; 表达式 2; 表达式 3)
{
    语句
}
```

此循环语句，首先计算表达式 1 的值 1 次；接着计算表达式 2 的值，如果其值为真（即非 0），则执行语句；然后计算表达式 3 的值；再次计算表达式 2 的值。这一循环过程一直进行下去，直到表达式 2 的值为假（即 0）为止，跳出 for 循环，执行 for 循环语句后面的部分。for 循环语句的执行流程如图 4-2 所示。

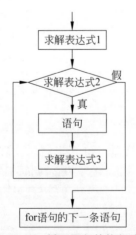

图 4-2　for 循环语句的执行流程

for 循环语句一般等价于下列 while 语句：

```
表达式 1;
while(表达式 2)
```

```
    {
        语句
        表达式 3
    }
```

但当 while 循环语句或 for 循环语句中包含 continue 语句时,上述两者就不一定等价了。

说明:

(1) 最常见的情况是,表达式 1 与表达式 3 是赋值表达式或函数调用,表达式 2 是关系表达式。

(2) 这 3 个组成部分中的任何部分都可以省略,但分号必须保留。例如:

```
for( ; ; )
{
    ...
}
```

是一个"无限"循环语句,这种语句需要借助其他手段,如 break 语句或 return 语句才能终止执行。

如果省略测试条件,即表达式 2,则认为其值永远为真。

(3) 在设计程序时,到底选用 while 循环语句还是 for 循环语句,主要取决于问题的本身和程序设计人员的个人偏好。

例如,在下列语句中:

```
/*跳过空白符*/
while((c =getchar()) ==' ' || c =='\n' || c =='\t')
    ;
```

没有设定初值或重新设定值的操作,所以选用 while 循环语句更为自然一些。

如果语句中需要执行简单的初始化与变量递增操作,使用 for 语句更合适一些,它将循环控制语句集中放在循环的开头,结构更紧凑、更清晰。通过下列语句可以很明显地看出这一点:

```
for(int i =0; i <n; i ++)
{
    ...
}
```

【例 4.4】 写出下列程序的运行结果。

```
1    #include<bits/stdc++.h>
2    using namespace std;
3
4    int main()
5    {
6        int k;
7        double s;
8        s =0;
9        for(k =0; k <7; k ++)
```

```
10        s += k / 2;
11        printf("%d,%f\n", k, s);
12
13        return 0;
14    }
```

运行结果：

7, 9.000000

【运行结果分析】

这是一道读程序题。根据读程序的三遍原则：

第一遍，整体读程序，可看出本题没有自定义函数，只有一个 main() 函数，这是每个 C 语言程序必须具有的。

第二遍，读 main() 函数，main() 函数的结构也比较简单，主要有一条 for 循环语句。

第三遍，从 main() 函数入口模拟程序的执行过程，分析每条语句。下面就是程序的分析过程。

(1) 程序从 main() 函数入口。

(2) 第 6 行，声明一个整型变量 k。

(3) 第 7 行，声明一个实型变量 s。

(4) 第 9～10 行，是一条 for 循环语句。现在来模拟执行过程。

① 执行表达式1，k＝0，k＜7 成立，执行循环语句：

k / 2 = 0，s += k / 2，则 s = 0

② 执行表达式3，k++，k = 1，k＜7 成立，执行循环语句：

k / 2 = 0，请注意这里是两个整数相除，结果取整。s += k / 2，则 s = 0

③ 执行表达式3，k++，k = 2，k＜7 成立，执行循环语句：

k / 2 = 1，s += k / 2，则 s = 1

④ 执行表达式3，k++，k = 3，k＜7 成立，执行循环语句：

k / 2 = 1，请注意这里是两个整数相除，结果取整。s += k/2，则 s = 2

⑤ 执行表达式3，k++，k = 4，k＜7 成立，执行循环语句：

k / 2 = 2，s += k / 2，则 s = 4

⑥ 执行表达式3，k++，k = 5，k＜7 成立，执行循环语句：

k / 2 = 2，请注意这里是两个整数相除，结果取整。s += k / 2，则 s = 6

⑦ 执行表达式3，k++，k = 6，k＜7 成立，执行循环语句：

k / 2 = 3，s += k / 2，则 s = 9

⑧ 执行表达式 3,k ++,k = 7,k < 7 不成立,跳出 for 循环,执行 for 循环语句的下一条语句,即执行第 11 行语句。

(5) 执行第 11 行语句,输出 k 和 s 的值。

(6) 执行第 13 行语句,整个程序结束。

【例 4.5】 编程计算如下数列的和：

$$sum = 1 + \frac{1}{1\times 2\times 3} + \frac{1}{2\times 3\times 4} + \cdots + \frac{1}{99\times 100\times 101}$$

输入样例：
本题无输入。
输出样例：

sum=1.249950

【分析】

这是一个累加问题。算法设计如下：

Step1 处理阶段。
变量 sum 用于存放累加和,循环体为 sum=sum+第 i 项,第 i 项为 item=1/((i-1) * i * (i+1))。我们选用 for 循环语句,让 i 从 2 变到 100,步长为 1。
要注意在 C/C++ 语言中,当 (i-1) * i * (i+1)>1 时,1/((i-1) * i * (i+1))=0,所以写成 item=1.0/((i-1) * i * (i+1))。
Step2 输出阶段。
输出计算结果 sum。

```
#include<bits/stdc++.h>
using namespace std;

int main()
{
    double sum, item;

    sum =1.0;                    //第 1 项特判,sum 初值为第 1 项
    for(int i =2; i <=100; i ++)
    {
        item =1.0 / ((i -1) * i * (i +1));
        sum +=item;              //此语句等价于 sum=sum+item
    }
    printf("sum=%f\n", sum);

    return 0;
}
```

4.4　do-while 循环

while 和 for 这两种循环在循环体执行前对终止条件进行测试,与此相反,do-while 循环则在循环体执行后测试终止条件,这样循环体至少被执行一次。

do-while 循环语句的语法如下：

```
do
{
    语句
}while(表达式);
```

此循环先执行循环体中的语句部分,然后再求表达式的值。如果表达式的值为真,则再次执行语句,以此类推。当表达式的值变为假时,循环终止。do-while 循环语句的执行流程如图 4-3 所示。

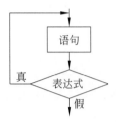

图 4-3　do-while 循环语句的执行流程

【例 4.6】　写出下列程序的运行结果。

```
1   #include<bits/stdc++.h>
2   using namespace std;
3
4   int main()
5   {
6       int a =1, b =7;
7       do
8       {
9           b =b / 2;
10          a +=b;
11      }while(b >1);
12      printf("%d\n", a);
13
14      return 0;
15  }
```

运行结果:

5

【运行结果分析】

这是一道读程序题。根据读程序的三遍原则:

第一遍,整体读程序,可看出本题没有自定义函数,只有一个 main()函数,这是每个 C 语言程序必须具有的。

第二遍,读 main()函数,main()函数的结构也比较简单,主要有一条 do-while 循环语句。

第三遍,从 main()函数入口模拟程序的执行过程,分析每条语句。下面就是程序的分析过程。

(1) 程序从 main()函数入口。

(2) 第 6 行,声明两个整型变量 a 和 b 并赋初值,a = 1,b = 7。
(3) 第 7～11 行,是一条 do-while 循环语句。现在来模拟执行过程。
① 执行循环语句:
执行第 9 行语句,b = b / 2,请注意这里是两个整数相除,结果取整,所以 b = 3
执行第 10 行语句,a += b,a = 4
② 执行第 11 行语句,进行循环条件判断,此时 b = 3,b > 1 条件成立,执行循环语句:
执行第 9 行语句,b = b / 2,请注意这里是两个整数相除,结果取整,所以 b = 1
执行第 10 行语句,a += b,所以 a = 5
③ 执行第 11 行语句,进行循环条件判断,此时 b = 1,b > 1 条件不成立,跳出 do-while 循环,即跳到 do-while 循环语句的下一条语句,即执行第 12 行语句。
(4) 执行第 12 行语句,输出 a 的值。
(5) 执行第 14 行语句,整个程序结束。

【例 4.7】 韩信点兵(TK25370)。三齐王点兵的故事:相传三齐王韩信才智过人,从不直接清点自己军队的人数,只是让士兵先后以三人一排、五人一排、七人一排地变换队形,而他每次只掠一眼队伍的队尾人数就知道总人数了。你知道韩信是怎样点兵的吗? 试试看! 输入每种队形队尾的人数,输出总人数(假设不超过 100 人)。

输入三个整数 m、n、t,每个整数之间用空格隔开。m 表示三人一排队尾人数;n 表示五人一排队尾人数;t 表示七人一排队尾人数。

输出一个整数 x 表示至少有多少个人。

输入样例:

```
2 3 4
```

输出样例:

```
53
```

【分析】设将军的兵数为 x。
(1) 按三人一排,队尾人数为 m,则 x%3=m;
(2) 按五人一排,队尾人数为 n,则 x%5=n;
(3) 按七人一排,队尾人数为 t,则 x%7=t。

兵数 x 必须满足这三种情况,而兵数 x 又未知,要求的又是至少的兵数,怎么办? 我们可以采取地毯式的搜索,即从 1 开始,一个数一个数地判断,看它是否满足三种情况,第一个满足三种情况的数就是至少的兵数 x。

```
#include<bits/stdc++.h>
using namespace std;

int main()
{
    int m, n, t, x;
    cin >> m >> n >> t;
    x = 0;
    do
```

```
        {
            x ++;
        }while(!(x %3 ==m && x %5 ==n && x %7 ==t));
        printf("%d\n", x);

        return 0;
    }
```

请注意：while 条件那里也可写成 while(x ％ 3 != m || x ％ 5 != n || x ％ 7 != t)。

4.5 三种循环语句的比较

三种循环语句在处理循环问题时，一般可以相互替代。

对于循环次数确定的问题，用 for 循环语句实现比较简单；对于循环次数不确定的问题，可以用 while 循环语句或 do-while 循环语句实现。

三种循环语句执行循环体、判断循环条件的顺序如下：

（1）while 循环语句和 for 循环语句均是先判断循环条件是否满足，后执行循环体。

（2）do-while 循环语句是先执行循环体，后判断循环条件是否满足。

4.6 循环结构的嵌套

一个循环体内又包含另一个完整的循环结构，称为循环的嵌套。请注意：循环体不允许交叉。

while 循环语句、for 循环语句和 do-while 循环语句，这三种循环语句可以同类互相嵌套，也可以不同类互相嵌套。

例 4.8

【例 4.8】 编程计算 1! ＋ 2! ＋…＋ 10! 的值。

输入样例：

本题无输入。

输出样例：

1!+2!+…+10!=4037913

【分析】这实质上也是一个累加问题，只不过它的每一项又是通过累乘求得。算法设计如下：

Step1 处理阶段。变量 sum 用于存放累加和，然后
i=1 时， sum = sum +1!;
i=2 时， sum = sum +2!;
…
i=10 时， sum = sum +10!;
这些语句非常类似，只是 i 的值从 1 变化到 10。于是可以写成
for(int i =1; i <=10; i ++)

```
{
    sum = sum + i!;
}
Step2 输出阶段。
输出计算结果 sum。
```

在 Step1,C/C++ 语言中 i!不能表示 i 的阶乘,现在的关键问题是求 i 的阶乘。怎么求? 我们前面学过求 n!,把求 n!换成求 i!即可,代码如下:

```
//求 i 的阶乘,结果放在变量 t 中
t = 1;
for(int j = 1; j <= i; j ++)
    t = t * j;
```

求得了 i!,问题就迎刃而解了,如图 4-4 所示,求 i!用右边的代码代替即可。

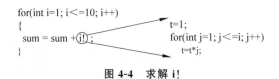

图 4-4　求解 i!

程序如下:

```
#include<bits/stdc++.h>
using namespace std;

int main()
{
    int t, sum;

    sum = 0;
    for(int i = 1; i <= 10; i ++)
    {
        //求 i 的阶乘,结果放在变量 t 中
        t = 1;
        for(int j = 1; j <= i; j ++)
            t = t * j;

        sum = sum + t;
    }
    printf("1!+2!+…+10!=%d\n", sum);

    return 0;
}
```

请思考:这道题有没有别的实现方法?上面的程序是用了一个双重循环来解决问题的,能不能用单重循环解决这个问题?有没有一种结构,这种结构的功能就是求阶乘的,类似我们前面所用到的 fabs()函数?

【例 4.9】　写出下列程序的运行结果。

```
1    #include<bits/stdc++.h>
```

```
2    using namespace std;
3
4    int main()
5    {
6       int k =0, b;
7
8       for(int i =1; i <=10; i ++)
9       {
10          b = i %2;
11          while(b -->=0)
12             k ++;
13      }
14      printf("%d,%d\n", k, b);
15
16      return 0;
17   }
```

运行结果：

15,-2

【运行结果分析】

这是一道读程序题。根据读程序的三遍原则：

第一遍，整体读程序，可看出本题没有自定义函数，只有一个 main() 函数，这是每个 C 语言程序必须具有的。

第二遍，读 main() 函数，main() 函数的结构也比较简单，主要有一条 for 循环语句，在 for 循环语句内又嵌套了一条 while 循环语句。

第三遍，从 main() 函数入口模拟程序的执行过程，分析每条语句。下面就是程序的分析过程。

(1) 程序从 main() 函数入口。

(2) 第 6 行和第 8 行，声明三个整型变量 i、k 和 b，对 k 赋初值 0，即 k = 0。

(3) 第 8～13 行，是一条 for 循环语句。现在来模拟执行过程。

① i = 1，i ≤ 10 成立，执行外循环语句：

执行第 10 行语句，b = i％2，请注意这里是两个整数相除，结果取整，那么 b = 1。

A. b >= 0 成立，决定执行内循环语句，然后 b − −，b = 0，执行第 12 行，k ++，k = 1。

B. b>=0 成立，决定执行内循环语句，然后 b − −，b = −1，执行第 12 行语句，k ++，k = 2。

C. b = −1，b >= 0 不成立，决定不执行内循环语句，然后 b − −，b = −2。

② i ++，i = 2，i ≤ 10 成立，执行外循环语句：

执行第 10 行语句，b = i％2，请注意这里是两个整数相除，结果取整，那么 b = 0。

A. b >= 0 成立，决定执行内循环语句，然后 b − −，b = −1，执行第 12 行语句，k ++，k = 3。

B. b = −1，b >= 0 不成立，决定不执行内循环语句，然后 b − −，b = −2。

……

⑨ i＋＋,i＝9,i＜＝10 成立,执行外循环语句:

执行第 10 行语句,b＝i％2,请注意这里是两个整数相除,结果取整,b＝1。

A. b＞＝0 成立,决定执行内循环语句,然后 b－－,b＝0,执行第 12 行语句,k＋＋,k＝13。

B. b＞＝0 成立,决定执行内循环语句,然后 b－－,b＝－1,执行第 12 行语句,k＋＋,k＝14。

C. b＝－1,b＞＝0 不成立,决定不执行内循环语句,然后 b－－,b＝－2。

⑩ i＋＋,i＝10,i＜＝10 成立,执行外循环语句:

执行第 7 行语句,b＝i％2,请注意这里是两个整数相除,结果取整,b＝0。

A. b＞＝0 成立,决定执行内循环语句,然后 b－－,b＝－1,执行第 9 行语句,k＋＋,k＝15。

B. b＝－1,b＞＝0 不成立,决定不执行内循环语句,然后 b－－,b＝－2。

⑪ i＋＋,i＝11,i＜＝10 不成立,跳出 for 外循环,即跳到 for 循环语句的下一条语句。

(4) 执行第 14 行语句,输出 k 和 b 的值。

(5) 执行第 16 行语句,整个程序结束。

4.7 break 语句与 continue 语句

break 语句和 continue 语句用于改变控制流。

break 语句结束循环,即用于从 while、for 与 do-while 等循环中提前退出,接着执行该语句之后的第一条语句,就如同从 switch 语句中提前退出一样。当 break 语句在嵌套循环中的内循环中时,一旦执行 break 语句,就会立刻跳出最近的一个循环体,并将控制权交给循环体外的下一行语句。

continue 语句结束本次循环,即用于使 while、for 或 do-while 语句开始下一次循环的执行。在 while 与 do-while 语句中,continue 语句的执行意味着立即执行条件判断部分;在 for 语句中,则意味着立即执行表达式 3。

注意,continue 语句只作用于循环语句,不作用于 switch 语句。

【例 4.10】 写出下列程序的运行结果。

```
1    #include<bits/stdc++.h>
2    using namespace std;
3
4    int main()
5    {
6        int k =0;
7        char c ='A';
8        do
9        {
10           switch(c ++)
11           {
12               case 'A':
```

```
13                  k ++;
14                  break;
15              case 'B':
16                  k --;
17                  break;
18              case 'C':
19                  k +=2;
20              case 'D':
21                  k = k %5;
22                  continue;
23              case 'E':
24                  k = k * 10;
25              default:
26                  k = k / 3;
27          }
28          k ++;
29      }while(c <'H');
30      printf("k=%d\n", k);
31
32      return 0;
33  }
```

运行结果：

k=2

【运行结果分析】

这是一道读程序题。根据读程序的三遍原则：

第一遍,整体读程序,可看出本题没有自定义函数,只有一个 main()函数,这是每个 C 语言程序必须具有的。

第二遍,读 main()函数,main()函数的结构也比较简单,主要有一条 do-while 循环语句,在 do-while 循环语句内有一条 switch 多路分支语句。

第三遍,从 main()函数入口模拟程序的执行过程,分析每条语句。下面就是程序的分析过程。

(1) 程序从 main()函数入口。

(2) 执行第 6 行、第 7 行语句后,k = 0,c = 'A'。

(3) 第 8~29 行,是一条 do-while 循环语句。现在来模拟执行过程。

① 执行循环语句

执行 switch 语句,因为 c = 'A',首先决定执行 case 'A'分支语句,然后 c ++,即 c = 'B'。

执行第 13 行(即 k ++)语句,k = 1,然后跳出 switch 语句,即跳到 switch 语句的下一条语句。

执行第 28 行(即 k ++)语句,k = 2。

② 因为 c = 'B',c < 'H'成立,继续执行循环语句

执行 switch 语句,首先决定执行 case 'B'分支语句,然后 c ++,现在 c = 'C'。

执行第 16 行(即 k --)语句,k = 1,然后跳出 switch 语句,即跳到 switch 语句的下一条语句。

执行第 28 行(即 k ++)语句,k = 2。

③ 因为 c = 'C',c < 'H'成立,继续执行循环语句

执行 switch 语句,首先决定执行 case 'C'分支语句,然后 c ++,现在 c = 'D'。

执行第 19 行(即 k += 2)语句,k = 4。继续向下执行 case 'D'分支语句,执行第 21 行(即 k = k % 5)语句,k = 4,然后执行 continue 语句,结束本次循环,进行 do-while 循环条件判断。

④ 因为 c = 'D',c < 'H'成立,继续执行循环语句

执行 switch 语句,首先决定执行 case 'D'分支语句,然后 c ++,现在 c = 'E'。

执行第 21 行(即 k = k % 5)语句,k = 4,然后执行 continue 语句,结束本次循环,进行 do-while 循环条件判断。

⑤ 因为 c = 'E',c < 'H'成立,继续执行循环语句

执行 switch 语句,首先决定执行 case 'E'分支语句,然后 c ++,现在 c = 'F'。

执行第 24 行(即 k = k * 10)语句,k = 40。继续向下执行 default 分支语句,执行第 26 行(即 k = k / 3)语句,k = 13,然后跳出 switch 语句,即跳到 switch 语句的下一条语句。

执行第 28 行(即 k ++)语句,k = 14。

⑥ 因为 c = 'F',c < 'H'成立,继续执行循环语句

执行 switch 语句,首先决定执行 default 分支语句,然后 c ++,现在 c = 'G'。

执行第 26 行(即 k = k / 3)语句,k = 4,然后跳出 switch 语句,即跳到 switch 语句的下一条语句。

执行第 28 行(即 k ++)语句,k = 5。

⑦ 因为 c = 'G',c < 'H'成立,继续执行循环语句

执行 switch 语句,首先决定执行 default 分支语句,然后 c ++,现在 c = 'H'。

执行第 26 行(即 k = k / 3)语句,k = 1,然后跳出 switch 语句,即跳到 switch 语句的下一条语句。

执行第 28 行(即 k ++)语句,k = 2。

⑧ 因为 c = 'H',c < 'H'不成立,跳出循环,即跳到 do-while 循环语句的下一条语句。

(4) 执行第 30 行语句,输出 k 的值。

(5) 执行第 32 行语句,整个程序结束。

4.8 专题 1:正整数的拆分

【例 4.11】 水仙花数(信息学奥赛一本通 2029)。求 100~999 中的水仙花数,每个数占一行。若三位数 ABC,ABC=A^3+B^3+C^3,则称 ABC 为水仙花数。例如 153,1^3+5^3+3^3=1+125+27=153,则 153 是水仙花数。

【分析】

根据水仙花数的定义,它首先是一个三位自然数,那就意味着它的范围是[100,999];然后要满足其各位数字的立方和等于该数本身,那么就必须对这个数进行分解,求出它的个

例 4.11

位、十位、百位。

假设 n 是一个三位数,现在来分解它的各位数字:

```
a = n % 10;          //个位
b = n / 10 % 10;     //十位
c = n / 100;         //百位
```

如果满足 $n = a^3 + b^3 + c^3$,那么 n 就是一个水仙花数。

```
#include<bits/stdc++.h>
using namespace std;

int main()
{
    int a, b, c;
    for(int n = 100; n <= 999; n ++)
    {
        a = n % 10;              //个位
        b = n / 10 % 10;         //十位
        c = n / 100;             //百位
        if(n == a * a * a + b * b * b + c * c * c)
            printf("%d\n", n);
    }

    return 0;
}
```

【例 4.12】 位数(TK21602)。输入一个不超过 10^9 的正整数,输出它的位数。例如 12735 的位数是 5。请不要使用任何数学函数,只用四则运算和循环语句实现。

输入样例:

```
12735
```

输出样例:

```
5
```

【分析】

(1)一个整数由多位数字组成,统计过程需要一位位地数,因此这是一个循环过程,循环次数由整数本身的位数决定。由于需要处理的数据有待输入,故无法事先确定循环次数,所以这时选用 while 循环或 do-while 循环比较好。

(2)那么循环条件该怎么确定呢?可以让整数 n 整除 10,整除 10 后减少一位个位数,生成一个新数 n = n/10,同时用于统计位数的变量值增加 1。然后用生成的新数 n 继续整除 10,直到新数为 0 为止,也就是说,循环条件为 n != 0。

(3)那么用 while 循环还是用 do-while 循环呢?如果用 while 循环,当 n=0 时,循环一次都不做,那么用于统计位数的变量值为 0,这与 0 的实际位数为 1 不相符合,故采用 do-while 循环,它至少执行一次循环语句。请注意,本题输入的是一个正整数,没有 0,可以用 while 循环。

```
#include<bits/stdc++.h>
using namespace std;
```

```
    int main()
    {
        int n, cnt;

        scanf("%d", &n);
        cnt = 0;
        do
        {
            n = n / 10;
            cnt ++;
        }while(n != 0);
        printf("%d\n", cnt);

        return 0;
    }
```

【例 4.13】 同构数(TK21645)。同构数是这样一种数:它出现在它的平方数的右端。例如:5 的平方是 25,5 就是同构数,25 的平方是 625,25 也是同构数。找出 1~N(包括 N)的全部同构数。

输入正整数 N,N≤32767。输出 1~N 的全部同构数,从小到大排列,用空格隔开。

输入样例:

```
100
```

输出样例:

```
1 5 6 25 76
```

【分析】

对于整数 i,先求出它的位数 bit,那么就可以只取 i×i 最后的 bit 位,记为 rest。然后比较 rest 与 i 的大小。如果相等,则 i 就是同构数,输出;否则不是。

```
    #include<bits/stdc++.h>
    using namespace std;

    int main()
    {
        int n, m, rest;
        int bit, number;
        cin >> n;
        for(int i = 1; i <= n; i ++)
        {
            m = i;

            //判断 m 有几位
            bit = 0;
            do
            {
                m = m / 10;
```

```
            bit ++;
        }while(m !=0);

        number =pow(10, bit);
        rest = (i * i) %number;          //取 i×i 最后的 bit 位

        if(i ==rest) printf("%d ", i);
    }

    return 0;
}
```

4.9　专题 2：迭代法

迭代法是用计算机解决问题的一种基本方法。迭代法也称辗转法，是一种不断用变量的旧值递推新值的过程。

利用迭代法解决问题，需要做好以下三方面的工作：

(1) 确定迭代变量。在可以用迭代算法解决的问题中，至少存在一个直接或间接地不断由旧值递推出新值的变量，这个变量就是迭代变量。

(2) 建立迭代关系式。迭代关系式是指从变量的旧值推出新值的公式（或关系）。迭代关系式的建立是解决迭代问题的关键，通常可以使用递推或倒推的方法来完成。

(3) 对迭代过程进行控制。什么时候结束迭代过程，这是编写迭代程序必须考虑的问题，不能让迭代过程无休止地重复执行下去。迭代过程的控制通常可分为两种情况：一种是所需的迭代次数是一个确定的值，可以计算出来，这种情况可以构建一个固定次数的循环来实现对迭代过程的控制；另一种是所需的迭代次数无法确定，这种情况需要进一步确定用来结束迭代过程的条件。

【例 4.14】 编写程序计算 $x+\dfrac{x^2}{2!}+\dfrac{x^3}{3!}+\cdots+\dfrac{x^n}{n!}$ 的值。

输入样例：

1.2 10

输出样例：

2.32

【分析】这是一个递推问题。不妨假设第 1 项为 u_1，第 2 项为 u_2，第 3 项为 u_3……根据题意，则有

$$u_1 = x$$
$$u_2 = u_1 \times \dfrac{x}{2}$$
$$u_3 = u_2 \times \dfrac{x}{3}$$
$$\vdots$$

根据这个规律,可以归纳出下面的递推公式:

$$u_n = u_{n-1} \times \frac{x}{n}$$

因为 u_1 是已知的,如果定义迭代变量为 u,则可以将上面的递推公式转换成如下的迭代公式:

$$u = u \times \frac{x}{i} \quad (2 \leqslant i \leqslant n)$$

u 的初值为 x,让计算机对这个迭代关系重复执行 n-1 次,就可以计算出此式的和。

```
#include<bits/stdc++.h>
using namespace std;

int main()
{
    int n;
    double x, sum, u;

    scanf("%lf%d", &x, &n);
    sum = u = x;
    for(int i = 2; i <= n; i ++)
    {
        u = u * x / i;
        sum = sum + u;
    }
    printf("%.2f\n", sum);

    return 0;
}
```

【例 4.15】 角谷猜想(信息学奥赛一本通 1086)。角谷猜想是指对于任意一个正整数,如果是奇数,则乘 3 加 1,如果是偶数,则除以 2,得到的结果再按照上述规则重复处理,最终总能够得到 1。程序要求输入一个整数,将经过处理得到 1 的过程输出。

输入一个正整数 n(n≤2000000)。输出从输入整数到 1 的步骤,每一步为一行,每一行都描述计算过程。最后一行输出 End。如果输入为 1,直接输出 End。

输入样例:

5

输出样例:

5 * 3+1=16
16/2=8
8/2=4
4/2=2
2/2=1
End

【分析】设迭代变量为 n,按照角谷猜想,可以得到两种情况下的迭代关系式:当 n 为偶数时,n = n / 2;当 n 为奇数时,n = n×3 + 1。

这个迭代过程需要重复执行多少次,才能使迭代变量 n 最终变成自然数 1,这是我们预先不知道的。因此,还需要进一步确定用来结束迭代过程的条件。仔细分析题目要求不难看出,对任意给定的一个自然数n,只要经过有限次运算后,能够得到自然数1,就已经完成了验证工作。因此,用来结束迭代过程的条件可以定义为 n=1。

```
#include<bits/stdc++.h>
using namespace std;

int main()
{
    int n;
    cin >>n;
    while(n !=1)
    {
        if(n %2 ==0)
        {
            printf("%d/2=%d\n", n, n / 2);
            n /=2;
        }
        else
        {
            printf("%d* 3+1=%d\n", n, n * 3 +1);
            n =n * 3 +1;
        }
    }
    puts("End");

    return 0;
}
```

4.10 应用实例

例4.16

【例4.16】 最大跨度值(信息学奥赛一本通1063)。给定一个长度为n的非负整数序列,请计算序列的最大跨度值(最大跨度值=最大值－最小值)。

输入一共2行,第一行为序列的个数 $n(1 \leqslant n \leqslant 1000)$,第二行为序列的n个不超过1000的非负整数,整数之间以一个空格分隔。

输出一行,表示序列的最大跨度值。

输入样例:

```
6
3 0 8 7 5 9
```

输出样例:

```
9
```

【第1种方法】

要求最大值,就先设一个最小值;求最小值,就先设一个最大值。因为题目中是n个不超过1000的非负整数,所以可以设存放最大值的 maxv 为 0,存放最小值的 minv 为 2000,当然 minv 设为 1001 也可以。

然后输入 n 个数,每个数都跟最大值、最小值相比,如果它比最大值大,那它就是最大值;如果它比最小值小,那它就是最小值。

```
#include<bits/stdc++.h>
using namespace std;

int main()
{
    int n, x, maxv, minv;
    cin >>n;
    maxv =0, minv =2000;
    for(int i =1; i <=n; i ++)
    {
        cin >>x;
        if(maxv <x) maxv =x;
        if(minv >x) minv =x;
    }
    printf("%d\n", maxv -minv);

    return 0;
}
```

【第 2 种方法】
采取先输入第一个数,假设它既是最大值又是最小值,然后输入剩下的 n−1 个数,每个数都跟最大值、最小值比,如果它比最大值大,那它就是最大值;如果它比最小值小,那它就是最小值。

```
#include<bits/stdc++.h>
using namespace std;

int main()
{
    int n, x, maxv, minv;
    cin >>n >>x;
    maxv =minv =x;
    for(int i =2; i <=n; i ++)
    {
        cin >>x;
        if(maxv <x) maxv =x;
        if(minv >x) minv =x;
    }
    printf("%d\n", maxv -minv);

    return 0;
}
```

【例 4.17】 求整数的和与平均值(洛谷 B2056)。读入 n(1≤n≤10000)个整数,求它们的和与平均值。

输入第一行是一个整数 n,表示有 n 个整数。第 2~n+1 行每行包含 1 个整数,每个整数的绝对值均不超过 10000。

输出一行,先输出和,再输出平均值(保留到小数点后 5 位),两个数间用单个空格分隔。

输入样例：

```
4
344
222
343
222
```

输出样例：

```
1131 282.75000
```

```cpp
#include<bits/stdc++.h>
using namespace std;

int main()
{
    int n, x, sum;
    cin >> n;
    sum = 0;
    for(int i = 1; i <= n; i ++)
    {
        cin >> x;
        sum += x;
    }
    printf("%d %.5f\n", sum, 1.0 * sum / n);

    return 0;
}
```

【例 4.18】 编写程序打印如下给定的图案。

输入样例：

本题无输入。

输出样例：

```
*
**
***
****
```

【分析】

为解决这个问题，我们要找到行数与"*"数的关系。根据所给的图案，行数与"*"数的关系如表 4-1 所示。

表 4-1 行数与"*"数的关系

行数(i)	"*"数(i)
1	1
2	2
3	3
4	4

由分析知道,行数与"*"数相等,也就是当行数为 i 时,"*"数也为 i。可以采取双重循环,用外循环控制行数,即

```
for(int i =1; i <=4; i ++)
{
    输出 i 个"*"
}
```

如图 4-5 所示,输出 i 个"*"用右边的代码代替即可。

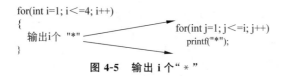

图 4-5　输出 i 个"*"

程序如下:

```
1    #include<bits/stdc++.h>
2    using namespace std;
3
4    const int N =4;
5
6    int main()
7    {
8        for(int i =1; i <=N; i ++)          //此循环控制"*"的行数
9        {
10           for(int j =1; j <=i; j ++)       //此循环控制第 i 行的"*"数
11               printf("*");
12           printf("\n");
13       }
14
15       return 0;
16   }
```

请注意:上面程序中的行数不直接写"4",而是定义了一个常量 N,它的值等于 4,这样做比较灵活,如果输出类似的图案,只不过是多几行,修改第 4 行即可。还要注意第 12 行,如果把这行去掉,看看会出现什么情况。

有人说,这样写太麻烦了,第 8~13 行可以这样写:

```
printf("*\n");
printf("**\n");
printf("***\n");
printf("****\n");
```

因为这道题除了要求输出给定的图案,没有其他的要求。但是,如果要求输出的类似图案有几百行,这种解决办法就不切实际了。我们写的程序就是用于解决实际问题,问题不同或问题的要求不同,自然所写的程序也就不同。

【例 4.19】 打印沙漏(PAT 乙级 1027)。本题要求写一个程序把给定的符号打印成沙漏的形状。"沙漏形状"是指:每行输出奇数个符号;各行符号中心对齐;相邻两行符号数差 2;符号数先从大到小顺序递减到 1,再从小到大顺序递增;首尾符号数相等。

给定任意N个符号，不一定能正好组成一个沙漏。要求打印出的沙漏能用掉尽可能多的符号。

输入在一行给出1个正整数N(N≤1000)和一个符号，中间以空格分隔。首先打印出由给定符号组成的最大的沙漏形状，最后在一行中输出剩下没用掉的符号数。

输入样例：
```
19 *
```

输出样例：
```
*****
 ***
  *
 ***
*****
2
```

【分析】

为解决这个问题，首先要求出这个沙漏的最大行数。由题意可知两行符号数差2，是等差数列，假设上半部分有n行，根据等差数列求和公式：

$$S_n = n \times a_1 + \frac{n \times (n-1) \times d}{2} = n^2$$

上半部分和下半部分，共需要用的符号数为 $2 \times S_n - 1 = 2 \times n^2 - 1$。题目给定任意N个符号，所以 $n = \sqrt{\frac{N+1}{2}}$。通过计算可得，输入样例中的n=3。

接下来，根据输入样例和输出样例，找到行数与"*"数的关系。我们把这个图案分成上下两部分。

(1) 对于上半部分图案，行数、左侧空格数、"*"数的关系如表4-2所示。

表4-2 行数、左侧空格数、"*"数的关系（上半部分图案）

行数(i)	左侧空格数(i−1)	"*"数(2×(n−i)+1)
1	0	5
2	1	3
3	2	1

(2) 对于下半部分图案，行数、左侧空格数、"*"数的关系如表4-3所示。

表4-3 行数、左侧空格数、"*"数的关系（下半部分图案）

行数(i)	左侧空格数(n−i)	"*"数(2×i−1)
2	1	3
3	0	5

上下两部分的规律都找到了，输出沙漏形状，我们采取先输出上半部分，再输出下半部分。

```
#include<bits/stdc++.h>
using namespace std;

int main()
{
    int N, n, r;
    char c;
    cin >>N >>c;
    n = sqrt((N +1) / 2);
    r = N - (2 * n * n -1);                          //r 为剩余的符号数

    for(int i =1; i <=n; i ++)                       //输出上半部分图案
    {
        for(int j =1; j <i; j ++)                    //此循环控制空格数
            printf(" ");
        for(int j =1; j <=2 * (n -i) +1; j ++)       //此循环控制"*"符数
            printf("%c", c);
        puts("");
    }
    for(int i =2; i <=n; i ++)                       //输出下半部分图案
    {
        for(int j =1; j <=n -i; j ++)
            printf(" ");
        for(int j =1; j <=2 * i -1; j ++)
            printf("%c", c);
        puts("");
    }
    cout <<r <<endl;

    return 0;
}
```

练 习 4

一、单项选择题

1. 在 while(x)语句中的 x 与下面条件表达式等价的是(　　)。
   A. x == 0　　　　B. x == 1　　　　C. x != 1　　　　D. x != 0
2. 在 while(!x)语句中的!x 与下面条件表达式等价的是(　　)。
   A. x != 0　　　　B. x == 1　　　　C. x != 1　　　　D. x == 0
3. 有以下程序段,while 循环执行的次数是(　　)。

```
int k =0
while(k =1)
{
    K ++;
}
```

A. 无限次　　　　　　　　　　B. 有语法错误,不能执行
C. 一次也不执行　　　　　　　D. 执行 1 次

4. 以下叙述中正确的是(　　)。

　　A. break 语句只能用于 switch 语句中

　　B. continue 语句的作用是使程序的执行流程跳出包含它的所有循环

　　C. break 语句只能用在循环体内和 switch 语句内

　　D. 在循环体内使用 break 语句和 continue 语句的作用相同

5. 对于下列程序段,描述正确的是(　　)。

```
int x =-1;
do
{
    x = x * x;
}while(!x);
```

　　A. 是死循环　　　　　　　　　　B. 循环执行两次

　　C. 循环执行一次　　　　　　　　D. 有语法错误

6. 下列程序的运行结果是(　　)。

```
#include<bits/stdc++.h>
using namespace std;
int main()
{
    int k =5;
    while(--k)
    {
        printf("%d", k -=3);
    }
    printf("\n");

    return 0;
}
```

　　A. 1　　　　　　B. 2　　　　　　C. 4　　　　　　D. 死循环

7. 下列程序的运行结果是(　　)。

```
#include<bits/stdc++.h>
using namespace std;
int main()
{
    int k =0, n =2;
    while(k ++&& n ++>2) ;
    printf("%d %d\n", k, n);

    return 0;
}
```

　　A. 0 2　　　　　B. 1 3　　　　　C. 5 7　　　　　D. 1 2

8. 下列程序段的运行结果是(　　)。

```
int i =0;
while(i ++<=2) ;
```

```
printf("%d", i);
```

A. 2   B. 3   C. 4   D. 无结果

9. 下列程序的运行结果是(   )。

```
#include<bits/stdc++.h>
using namespace std;
int main()
{
    int c =0;
    for(int k =1; k <3; k ++)
    {
        switch(k)
        {
            default: c +=k;
            case 2: c ++; break;
            case 4: c +=2; break;
        }
    }
    printf("%d\n", c);

    return 0;
}
```

A. 3   B. 5   C. 7   D. 9

10. 下列程序的运行结果是(   )。

```
#include<bits/stdc++.h>
using namespace std;

int main()
{
    for(int x =8; x >0; x --)
    {
        if(x %3)
        {
            printf("%d,", x --);
            continue;
        }
        printf("%d,", --x);
    }

    return 0;
}
```

A. 7,4,2,   B. 8,7,5,2,   C. 9,7,6,4,   D. 8,5,4,2,

11. 若使下列程序的输出值为8,则应该从键盘输入的n的值是(   )。

```
#include<bits/stdc++.h>
using namespace std;
int main()
```

```
{
    int i =1, sum =0, n;
    scanf("%d", &n);
    do
    {
        i +=2;
        sum +=i;
    }while(i !=n);
    printf("%d\n", sum);

    return 0;
}
```

A. 1　　　　　　B. 3　　　　　　C. 5　　　　　　D. 7

二、程序设计题

1. 多个数列(TK1833)。求以下三数的和,保留 2 位小数。1～a 之和,1～b 的平方和,1～c 的倒数和。输入 a、b、c。输出 $1+2+\cdots+a + 1^2+2^2+\cdots+b^2 + 1/1+1/2+\cdots+1/c$。

输入样例：

100 50 10

输出样例：

47977.93

2. 分数数列(TK1836)。有一分数序列 2/1 3/2 5/3 8/5 13/8 21/13…,求出这个数列的前 N 项之和,保留两位小数。

输入样例：

10

输出样例：

16.48

3. 求 Sn＝a＋aa＋aaa＋…＋aa…a,其中 a 是一个数字。例如,2＋22＋222＋2222＋22222(n＝5),n 由键盘输入。输入 n。输出 a＝2 时的 Sn。

输入样例：

5

输出样例：

24690

4. 球弹跳高度的计算(信息学奥赛一本通 1085)。一球从某一高度 h 落下(单位：米),每次落地后反跳回原来高度的一半,再落下。编程计算气球在第 10 次落地时,共经过多少米,以及第 10 次反弹的高度。

输入一个整数 h,表示球的初始高度。输出包含两行。第 1 行：球第 10 次落地时,一共经过的米数,第 2 行：第 10 次弹跳的高度。

注意：结果可能是实数,用 double 类型保存。

提示：输出时不需要对精度进行特殊控制，用 cout << ANSWER，或者 printf("%g"，ANSWER)即可。

输入样例：

```
20
```

输出样例：

```
59.9219
0.0195312
```

5. 打分(洛谷 P5726)。现在有 n(n≤1000)位评委给选手打分，分值从 0～10。需要去掉一个最高分，去掉一个最低分(如果有多个最高或者最低分，也只需要去掉一个)，剩下的评分的平均数就是这位选手的得分。现在输入评委人数和他们的打分，请输出选手的最后得分，精确到 2 位小数。

输入两行：第一行输入一个正整数 n，表示有 n 个评委；第二行输入 n 个正整数，第 i 个正整数表示第 i 个评委打出的分值。

输出一行：为一个两位小数，表示选手的最后得分。

输入样例：

```
5
9 5 6 8 9
```

输出样例：

```
7.67
```

6. 求一元二次方程(信息学奥赛一本通 1058)。求一元二次方程 $ax^2+bx+c=0$ 的根，其中 a 不等于 0。结果要求精确到小数点后 5 位。

输入一行：包含三个浮点数 a、b、c(它们之间以一个空格分开)，分别表示方程 $ax^2+bx+c=0$ 的系数。

输出一行：表示方程的解。若两个实根相等，则输出形式为"x1=x2=…"；若两个实根不等，满足根小者在前的原则，则输出形式为"x1=…;x2=…"；若无实根，则输出"No answer!"。

所有输出部分要求精确到小数点后 5 位，数字、符号之间没有空格。

输入样例：

```
-15.97 19.69 12.02
```

输出样例：

```
x1=-0.44781;x2=1.68075
```

7. 打印图形(TK2699)。输入一个数 N，输出 N 行图形。

输入样例：

```
4
```

输出样例：

```
   ****
   ****
  ****
 ****
```

8. 求三角形(洛谷 P5725)。打印出不同方向的正方形,然后打印三角形矩阵。中间有个空行。输入矩阵的规模,不超过 9。输出正方形和三角形。

输入样例:

4

输出样例:

```
01020304
05060708
09101112
13141516

      01
    0203
  040506
07080910
```

9. 小杨的 X 字矩阵(洛谷 B3865)。小杨想要构造一个 X 字矩阵(为奇数),这个矩阵的两条对角线都是半角加号＋,其余都是半角减号－。

输入一行:为一个整数(5≤N≤49,保证为奇数)。

输出对应的"X 字矩阵"。请严格按格式要求输出,不要擅自添加任何空格、标点、空行等符号。应该恰好输出 N 行,每行除了换行符外恰好包含 N 个字符,这些字符要么是＋,要么是－。

输入样例:

5

输出样例:

```
+----+
-+--+-
--++--
--++--
-+--+-
+----+
```

10. 基础图案 3(TK23477)。打印相应的 N 层数字金字塔。如果输出的数字超过 9,就用相应的字符表示。10 用 A 表示,11 用 B 表示,以此类推。

输入一行:为整数 n(0<n<20)。输出若干行:为左右对称的数字金字塔。

输入样例:

5

输出样例:

```
    1
   121
  12321
 1234321
123454321
```

11. 打印数字图形(TK1034)。从键盘输入一个整数 n(1≤n≤9)，打印出指定的数字图形。

输入样例：

```
5
```

输出样例：

```
    1
   121
  12321
 1234321
123454321
 1234321
  12321
   121
    1
```

12. 勾股数(洛谷 B3845)。勾股数是很有趣的数学概念。如果三个正整数 a、b、c，满足 $a^2+b^2=c^2$，而且 1≤a≤b≤c，就将 a、b、c 组成的三元组(a，b，c)称为勾股数。你能通过编程，数数在一个整数 n 内有多少组勾股数(c)满足 c≤n 吗？

输入一行：包含一个正整数 n，约定 1≤n≤1000。输出一行：包含一个整数 c，表示有 c 组满足条件的勾股数。

输入样例 1：

```
5
```

输出样例 1：

```
1
```

输入样例 2：

```
13
```

输出样例 2：

```
3
```

13. 百钱买百鸡(信息学奥赛一本通 2028)。鸡翁一，值钱五，鸡母一，值钱三，鸡雏三，值钱一，百钱买百鸡，则鸡翁、鸡母、鸡雏各几何？此题没有输入。输出每种情况鸡翁、鸡母、鸡雏的数量，依次由小到大，每种情况各占一行，每行三个数之间用一个空格隔开。

14. 百鸡问题(洛谷 B3836)。"百鸡问题"是出自我国古代《张丘建算经》的著名数学问题。大意为:"每只公鸡 5 元,每只母鸡 3 元,每 3 只小鸡 1 元;现在有 100 元,买了 100 只鸡,共有多少种方案?"小明很喜欢这个故事,他决定对这个问题进行扩展,并使用编程解决:如果每只公鸡 x 元,每只母鸡 y 元,每 z 只小鸡 1 元;现在有 n 元,买了 m 只鸡,共有多少种方案?

输入一行:包含五个整数,分别为问题描述中的 x、y、z、n、m,约定 $1 \leqslant x, y, z \leqslant 10$,$1 \leqslant n, m \leqslant 1000$。输出一行:包含一个整数 C,表示有 C 种方案。

输入样例 1:

5 3 3 100 100

输出样例 1:

4

输入样例 2:

1 1 1 100 100

输出样例 2:

5151

15. 累计相加(洛谷 B3839)。给定一个正整数 n,求形如

$$1+(1+2)+(1+2+3)+(1+2+3+4)+\cdots+(1+2+3+4+5+\cdots+n)$$

的累计相加结果。输入一个正整数 n,约定 $1 < n \leqslant 100$。输出累计相加的结果。

输入样例:

3

输出样例:

10

16. 分数求和(信友队 3902)。S=1/2+1/6+1/12+1/20+1/30+1/42+⋯,求数列前 n 项和,$1 \leqslant n \leqslant 100$,答案保留 2 位小数。

输入样例:

10

输出样例:

0.91

17. 多项式求值Ⅱ(信友队 3551)。输入一个整数 n,计算 1+1/(1−3)+1/(1−3+5)+⋯+1/(1−3+5−⋯+2n−1)的值。结果保留三位小数。

输入样例:

1

输出样例:

1.000

18. 计算下列数列的和,要保证每项的绝对值大于或等于 1e−6。

$$s = 1 - \frac{1}{3!} + \frac{1}{5!} - \frac{1}{7!} + \frac{1}{9!} - \frac{1}{11!} + \cdots$$

输入样例:
本题无输入。
输出样例:
```
0.841471
```

19. 编程计算如下数列和,要保证每项的绝对值大于或等于 10^{-5},结果保留 5 位小数。

$$s = \frac{1}{x} - \frac{2}{x^2} + \cdots (-1)^{n+1}\frac{n}{x^n} + \cdots$$

输入样例:
```
3
```
输出样例:
```
0.18749
```

20. 利用 $\frac{\pi}{2} = \frac{2}{1} \times \frac{2}{3} \times \frac{4}{3} \times \frac{4}{5} \times \frac{6}{5} \times \frac{6}{7} \times \cdots$ 前 200 项之积,计算 π 的值。

输入样例:
本题无输入。
输出样例:
```
3.133787
```

第 5 章 输入与输出

在程序的运行过程中,往往需要由用户输入一些数据,这些数据经机器处理后要输出反馈给用户。通过数据的输入与输出来实现人与计算机之间的交互,所以在程序设计中,输入与输出语句是一类必不可少的重要语句。

常用的输入与输出函数有 getchar()、putchar()、scanf()、printf()。ANSI 标准精确地定义了这些库函数,所以,在任何可以使用 C/C++ 语言的系统中都有这些函数的兼容形式。如果程序的系统交互部分仅仅使用了标准库提供的功能,则可以不加修改地从一个系统移植到另一个系统中。

5.1 getchar()函数

getchar()函数的原型如下:

```
int getchar(void);
```

此函数的功能是从 stdio 流中读字符。C 语言中,在没有输入时,getchar()函数将返回一个特殊值,这个特殊值与任何实际字符都不同,这个值称为 EOF(end of file,文件结束),它的值通常是-1。

getchar()函数只能接收单个字符,如果输入的是数字也按字符处理。输入多于一个字符时,只接收第一个字符。

【例 5.1】 统计输入中的行数及字符数。

输入样例:

```
The
C
Programming
Language
```

输出样例:

```
4 27
```

【分析】

标准库保证输入文本流以行序列的形式出现,每一行均以换行符'\n'结束。因此,统计行数等价于统计换行符的个数。而字符计数,就是读一个字符,计数一次。

```
#include<bits/stdc++.h>
using namespace std;
```

```
int main()
{
    //定义 3 个整型变量,并且给变量 nLine 和 nChar 赋初值 0
    int c, nLine = 0, nChar = 0;

    //每次读一个字符,直到文件结束
    while((c = getchar()) != EOF)
    {
        nChar ++;                //字符计数
        if(c == '\n')            //如果读入的字符是换行符
            nLine ++;            //nLine 的值增加 1。此语句与 nLine=nLine+1 语句等价
    }
    printf("%d %d\n", nLine, nChar);

    return 0;
}
```

在程序中测试符号常量 EOF,而不是测试−1,这可以使程序具有可移植性。EOF 定义在头文件＜stdio.h＞中,ANSI 标准强调,EOF 是负的整数值,但没有必要一定是−1。因此,在不同的系统中,EOF 可能具有不同的值。在 Microsoft 公司 Windows 这样的系统中,EOF 是通过键入"Ctrl+Z"的方式来输入的。

在声明变量 c 的时候,必须让它大到足以存放 getchar()函数返回的任何值。这里不把 c 声明成 char 类型,是因为它必须足够大,能存储任何可能的字符,所以,将 c 声明成 int 类型。

5.2　putchar()函数

putchar()函数的原型如下:

```
int putchar(int);
```

该函数的功能是将指定的表达式的值所对应的字符输出到标准输出终端上。表达式可以是字符型或整型,它每次只能输出一个字符。如果没有发生错误,则函数 putchar()将返回输出的字符;如果发生了错误,则返回 EOF。

【例 5.2】　把从键盘输入的字符逐个输出到显示器。

输入样例:

The C Programming Language

输出样例:

The C Programming Language

【分析】根据题意,此过程由下列两个步骤构成:

Step1 读入一个字符。
Step2 如果该字符不是文件结束符,则输出这个字符,重复 Step1;否则结束。

```
#include<bits/stdc++.h>
using namespace std;

int main()
{
    int ch;                   //定义整型变量

    ch =getchar();            //读入一个字符
    while(ch !=EOF)
    {
        putchar(ch);          //输出一个字符
        ch =getchar();        //读入一个字符
    }

    return 0;
}
```

5.3　scanf()函数

输入函数 scanf()对应输出函数 printf()，它在后者相反的方向上提供同样的转换功能。

由于 C 语言的规则以及输出方向的不同转换，scanf()和 printf()有着很多不对称的地方，最重要的不对称性在于，printf()需要从其调用函数处获得多个值，而 scanf()则要将多个值返回给它的调用函数。

具有变长参数表的 scanf()函数的原型如下：

> int scanf(char * format, …);

scanf()函数从标准输入中读取字符序列，按照 format 中的格式说明对字符序列进行解释，并把结果保存到其余的参数中。

除格式参数 format 外，其他所有参数都必须是指针，用于指定经格式转换后的相应输入保存位置。

当 scanf()函数扫描完其格式串或者碰到某些输入无法与格式控制说明匹配的情况时，该函数将终止，同时，成功匹配并赋值的输入项的个数将作为函数值返回，所以该函数的返回值可以用来确定已匹配的输入项的个数。

如果到达文件的结尾，该函数将返回 EOF。注意，返回 EOF 与 0 是不同的，0 表示下一个输入字符与格式串中的第一个格式说明不匹配，下一次调用 scanf()函数将从上一次转换的最后一个字符的下一个字符开始继续搜索。

格式串通常都包含转换说明，用于控制输入的转换。格式串可能包含以下部分：

- 空格或制表符。在处理过程中将被忽略。
- 普通字符(不包括％)。用于匹配输入流中的下一个非空白符字符。
- 转换说明。依次由一个％，一个可选的赋值禁止字符 *，一个可选的数值(指定最大字段宽度)，一个可选的 h、l 或 L 字符(指定目标对象的宽度)以及一个转换字符组成。

scanf()函数基本的转换说明如表 5-1 所示。

表 5-1　scanf()函数基本的转换说明

字　　符	输入数据；参数类型
d	十进制整数；int * 类型
i	整数；int * 类型，可以是八进制(以 0 开头)或十六进制(以 0x 或 0X 开头)
o	八进制整数(可以以 0 开头，也可以不以 0 开头)；int * 类型
u	无符号十进制整数；unsigned int * 类型
x	十六进制整数(可以以 0x 或 0X 开头，也可以不以 0x 或 0X 开头)；int * 类型
c	字符；char * 类型，将接下来的多个输入字符(默认为一个字符)存放到指定位置。该转换规范通常不跳过空白符。如果需要读入下一个非空白符，可以使用%1s
s	字符串(不加引号)；char * 类型，指向一个足以存放该字符串(还包括尾部的字符'\0')的字符数组。字符串的末尾将被添加一个结束符'\0'
e、f、g	浮点数，它可以包括正负号(可选)、小数点(可选)及指数部分(可选)；float * 类型
%	字符%；不进行任何赋值操作

说明：

(1) 转换说明 d、i、o、u 及 x 的前面可以加上字符 h 或 l。前缀 h 表明参数表的相应参数是一个指向 short 类型而非 int 类型的指针，前缀 l 表明参数表的相应参数是一个指向 long 类型的指针。

(2) 转换说明 e、f 和 g 的前面也可以加上前缀 l，它表明参数表的相应参数是一个指向 doulbe 类型而非 float 类型的指针。

(3) scanf()函数忽略格式串中的空格和制表符。此外，在读取输入值时，它将跳过空白符(空格、制表符、换行符等)。

(4) 如果要读取格式不固定的输入，最好每次读入一行，然后再用 scanf()函数将合适的格式分离出来读入。

(5) scanf()函数可以和其他输入函数混合使用。无论调用哪个输入函数，下一个输入函数的调用将从 scanf()没有读取的第一个字符处开始读取数据。

5.4　printf()函数

printf()函数的原型如下：

```
int printf(char * format, arg1, arg2, …);
```

函数 printf()在输出格式 format 的控制下，将其参数进行转换与格式化，并在标准输出设备上打印出来。它的返回值为打印的字符数。

格式字符串包含两种类型的对象：普通字符和转换说明。

(1) 在输出时，普通字符将原样不动地复制到输出流中，而转换说明并不直接输出到输出流中，而是用于控制 printf()中参数的转换和打印。

(2) 每个转换说明都以一个百分号字符(即%)开始,并以一个转换字符结束。

(3) 在字符%和转换字符中间可能依次包含下列组成部分:

- 负号:用于指定被转换的参数按照左对齐的形式输出。
- 数:用于指定最小字段宽度。转换后的参数将打印不小于最小字段宽度的字段。如果有必要,字段左边(如果使用左对齐的方式,则为右边)多余的字符位置用空格填充以保证最小字段宽度。
- 小数点:用于将字段宽度和精度分开。
- 小数点后的数:用于指定精度,即指定字符串中要打印的最多字符数、浮点数小数点后的位数。
- 字母 h 或 l:字母 h 表示将整数作为 short 类型打印,字母 l 表示将整数作为 long 类型打印。

printf()函数基本的转换说明如表 5-2 所示。

表 5-2　printf()函数基本的转换说明

字符	参数类型;输出形式
d、i	int 类型;十进制数
o	int 类型;无符号八进制数(没有前导 0)
x、X	int 类型;无符号十六进制数(没有前导 0x 或 0X)
u	int 类型;无符号十进制数
c	int 类型;单个字符
s	char * 类型;顺序打印字符串中的字符,直到遇到 '\0' 或已打印了由精度指定的字符数为止
f	double 类型;十进制小数[−]m.dddddd,其中 d 的个数由精度指定(默认值为 6)
e、E	double 类型,以指数形式输出单、双精度实数;十进制小数[−]m.dddddd e±xx 或[−]m.dddddd E±xx,其中 d 的个数由精度指定(默认值为 6)
g、G	double 类型,以%f 或%e 中较短的输出宽度输出单、双精度实数
p	void * 类型;指针(取决于具体实现)
%	不转换参数;打印一个百分号%

说明:

(1) 如果%后面的字符不是一个转换说明,则该行为是未定义的。

(2) 在转换说明中,宽度或精度可以用星号"*"表示,这时宽度或精度的值通过转换下一参数(必须为 int 类型)来计算。

(3) printf()函数使用第一个参数判断后面参数的个数及类型。如果参数的个数不够或者类型错误,则将得到错误的结果。请注意下面两个函数调用之间的区别:

```
printf(s);              /* 如果字符串 s 含有字符%,输出将出错 */
printf("%s", s);        /* 正确 */
```

【例 5.3】 写出下列程序的运行结果。

```
#include<bits/stdc++.h>
using namespace std;

int main()
{
    char * s ="hello, world";

    printf("%s\n", s);
    printf("%10s\n", s);
    printf("%.10s\n", s);
    printf("%-10s\n", s);
    printf("%.15s\n", s);
    printf("%-15s\n", s);
    printf("%15.10s\n", s);
    printf("%-15.10s\n", s);

    return 0;
}
```

运行结果：

```
hello, world
hello, world
hello, wor
hello, world
hello, world
hello, world
     hello, wor
hello, wor
```

5.5　C++ 格式化控制台输出

C++ 提供了附加函数来格式化一个要显示的值。这些函数称为流操作，包含在 iomanip 头文件中。下面介绍几种有用的流操作。

1. setprecision 操作

使用 setprecision(n) 操作给一个浮点数指定总的显示位数，其中 n 是所需数字位数（小数点后位数的总和）。

setprecision 操作的作用是直到精度改变之前，一直保持效果。所以

```
cout <<setprecision(3) <<12.34567 <<" ";
cout <<9.34567 <<" " <<121.3457 <<" " <<0.2367 <<endl;
```

显示为

```
12.3 9.35 121 0.237
```

如果精度的宽度不足够一个整数，setprecision 操作将会被忽略。例如：

```
cout <<setprecision(3) <<23456 <<endl;
```

显示为

```
23456
```

2. 修改操作

有时候,计算机会自动用科学记数法显示一个很长的浮点数。在 Windows 系统上,语句

```
cout<<232123434.357<<endl;
```

显示为

```
2.32123e+008
```

可以使用 fixed 操作来强制数字显示为非科学记数法的形式,显示小数后的位数。例如:

```
cout<<fixed<<232123434.357<<endl;
```

显示为

```
232123434.357000
```

默认情况下,能修复小数点后 6 位。可以用 fixed 操作和 setprecision 操作一起来改变原来的设置。当在 fixed 操作之后使用 setprecision 操作时,setprecision 操作用来指定小数点后的位数。例如:

```
cout<<fixed<<setprecision(2)<<232123434.357<<endl;
```

显示为

```
232123434.36
```

3. showpoint 操作

默认情况下,没有小数部分的浮点数是不显示小数点的。但可以使用 fixed 操作来强制浮点数显示小数点和指定小数点后位数。除此之外,还可以使用 showpoint 和 setprecision 操作一起来解决这个问题。

```
cout<<setprecision(6)<<1.23<<endl;
cout<<showpoint<<1.23<<endl;
cout<<showpoint<<123.0<<endl;
```

显示为

```
1.23
1.23000
123.000
```

setprecision(6) 函数设置精度值为 6。所以,第一个数 1.23 被显示为 1.23。第二个数是 1.23,被显示为 1.23000,因为 showpoint 操作强制浮点数显示小数点,并在需要的位置上补充 0;第三个数是 123.0,显示为 123.000,与第二个数同理,有小数点和补充的 0。

4. setw(width)、left、right 操作

使用 setw(width) 函数指定输出的最小列数。setw 操作默认使用右对齐。可以使用 left 操作来设置输出为左对齐，或者 right 操作设置输出为右对齐。例如：

```
cout <<right;              //或者 cout <<left
cout <<setw(8) <<1.23 <<endl;
cout <<setw(8) <<351.34 <<endl;
```

显示为

```
    1.23
  351.34
```

【例 5.4】 已知华氏温度(F)与摄氏温度(C)的转换公式为 C＝(5/9)＊(F－32)，将华氏温度从 0～100℉每隔 20℉分别转换成相应的摄氏温度并输出。

输入样例：

本题无输入。

输出样例：

```
  0   -17.8
 20    -6.7
 40     4.4
 60    15.6
 80    26.7
100    37.8
```

【分析】

变量 F 用于存放华氏温度，变量 C 用于存放摄氏温度，然后

```
F = 0 时,C = (5 / 9) * (0 - 32);
F = 20 时,C = (5 / 9) * (20 - 32);
 ⋮
F = 100 时,C = (5 / 9) * (100 - 32);
```

这些语句非常类似，只是 F 的值从 0 变化到 100。于是可以写成

```
循环执行,F 的值从 0 变化到 100
{
  C = (5.0 / 9) * (F - 32);
  输出华氏温度相应的摄氏温度
}
```

注意： C＝(5.0/9)＊(F－32)在语句中是 5.0 / 9，因为在 C/C++ 语言中，整数相除的结果为整数，也就是说 5 / 9 ＝ 0。

```
#include<bits/stdc++.h>
using namespace std;

int main()
```

```
{
    double C;                          //定义一个双精度浮点型变量
    for(int F = 0; F <=100; F +=20)
    {
        C = (5.0 / 9) * (F - 32);      //计算,实现华氏温度转换为摄氏温度
        printf("%3d %6.1f\n", F, C);   //输出
    }

    return 0;
}
```

在 printf()函数中,%3d 表示输出整型数据,占 3 列,右对齐,如果需要左对齐则用%－3d;%6.1f 表示输出浮点型数据,共占 6 列,小数点占 1 列,小数点后面有一位。

程序中的 printf("%3d %6.1f\n", F, C);语句可以改成用 cout 输出:

```
cout <<setw(3) <<F <<" ";
cout <<setw(6) <<fixed <<setprecision(1) <<C <<endl;
```

5.6 应 用 实 例

本节给出了一些求和实例,主要是帮助大家解决多组数据的输入和输出问题的。

【例 5.5】 计算 a＋b。输入数据首先包括一个整数 t,表示输入数据的组数。然后是 t 行,每行有两个整数 a、b,这两个整数用空格隔开。对于每组输入数据 a 和 b,输出一行,即 a＋b 的值。

输入样例:

```
2
1 5
10 20
```

输出样例:

```
6
30
```

【分析】根据题意可知,输入的组数由第 1 行的 t 所决定。我们可以采用 for 循环或 while 循环来解决这个问题。

【第 1 种方法】用 for 循环语句

```
#include<bits/stdc++.h>
using namespace std;

int main()
{
    int t, a, b;
    scanf("%d", &t);
    for(int i =1; i <=t; i ++)
    {
```

```
        scanf("%d%d", &a, &b);
        printf("%d\n", a +b);
    }

    return 0;
}
```

【第 2 种方法】用 while 循环语句

```
#include<bits/stdc++.h>
using namespace std;

int main()
{
    int t, a, b;
    scanf("%d", &t);
    while(t --)
    {
        scanf("%d%d", &a, &b);
        printf("%d\n", a +b);
    }

    return 0;
}
```

【例 5.6】 计算 a+b。输入数据有多组,每组占一行,它有两个整数 a、b,这两个整数用空格隔开,如果 a=0 并且 b=0,则表示输入结束,该行不做处理。对于每组输入数据 a 和 b,输出一行,即 a+b 的值。

输入样例：

```
1 5
10 20
0 0
```

输出样例：

```
6
30
```

【分析】根据题意可知,输入数据有多组,但是并没有说到底有多少组,那输入数据什么时候结束呢？直到 a=0 并且 b=0 时输入就结束。

【第 1 种方法】

```
#include<bits/stdc++.h>
using namespace std;

int main()
{
    int a, b;
    while(true)
    {
```

```
        scanf("%d%d", &a, &b);
        if(a ==0 && b ==0) break;
        printf("%d\n", a +b);
    }

    return 0;
}
```

【第 2 种方法】

```
#include<bits/stdc++.h>
using namespace std;

int main()
{
    int a, b;
    while(cin >>a >>b, a || b)
    {
        printf("%d\n", a +b);
    }

    return 0;
}
```

【例 5.7】 计算 a+b。输入数据有多组,每组占一行,它有两个整数 a、b,这两个整数用空格隔开。对于每组输入数据 a 和 b,输出一行,即 a+b 的值。

输入样例:

1 5
10 20

输出样例:

6
30

【分析】根据题意可知,输入数据有多组,但是并没有说到底有多少组,那输入数据什么时候结束呢? 直到文件尾时输入就结束。运行时按 Ctrl+Z 结束。

【第 1 种方法】

```
#include<bits/stdc++.h>
using namespace std;

int main()
{
    int a, b;
    while(scanf("%d%d", &a, &b) !=EOF)
    {
        printf("%d\n", a +b);
    }
```

```
        return 0;
    }
```

【第 2 种方法】

```
#include<bits/stdc++.h>
using namespace std;

int main()
{
    int a, b;
    while(cin >>a >>b)
    {
        printf("%d\n", a +b);
    }

    return 0;
}
```

【例 5.8】 计算一些整数的和。输入数据首先是一个整数 t,表示测试实例的组数。然后是 t 行,每组测试实例的第一个数 n,表示在同一行里接着下来有 n 个整数。对于每组输入数据,输出一行,即 n 个数的和。

输入样例:

2
4 12 2 5 6
5 1 2 30 7 8

输出样例:

25
48

【分析】根据题意可知,输入数据有多组,组数由第 1 行的 t 决定。每组的第 1 个数为 n,n 为求和整数的个数。

```
#include<bits/stdc++.h>
using namespace std;

int main()
{
    int t, n, a, sum;

    scanf("%d", &t);
    while(t --)
    {
        scanf("%d", &n);
        sum =0;
        for(int i =1; i <=n; i ++)  //输入与求和同时进行
        {
```

程序设计基础

```
            scanf("%d", &a);
            sum = sum +a;
        }
        printf("%d\n", sum);
    }
    
    return 0;
}
```

【例 5.9】 计算一些整数的和。输入数据有多组,每组占一行。每组测试数据的第一个数 n,表示在同一行里接着下来有 n 个整数。如果 n=0,则表示输入结束,该行不做处理。对于每组输入数据,输出一行,即 n 个数的和。

输入样例:

```
4 1 2 2 5 6
5 1 2 3 30 7 8
0
```

输出样例:

```
25
48
```

【分析】 根据题意可知,输入数据有多组,每组的第 1 个数为 n,n 为求和整数的个数。当 n=0 时输入就结束。

```
#include<bits/stdc++.h>
using namespace std;

int main()
{
    int n, a, sum;
    while(scanf("%d", &n), n !=0)
    {
        sum =0;
        for(int i =1; i <=n; i ++) //输入与求和同时进行
        {
            scanf("%d", &a);
            sum = sum +a;
        }
        printf("%d\n", sum);
    }
    
    return 0;
}
```

【例 5.10】 计算一些整数的和。输入数据有多组,每组测试实例的第一个数 n,表示在同一行里接着下来有 n 个整数。对于每组输入数据,输出一行,即 n 个数的和。

输入样例:

```
4 1 2 2 5 6
5 1 2 3 30 7 8
```

输出样例:

```
25
48
```

【分析】根据题意可知,输入数据有多组,但是并没有说到底有多少组,那输入数据什么时候结束呢? 直到文件尾时输入就结束。每组的第 1 个数为 n,n 为求和整数的个数。

```
#include<bits/stdc++.h>
using namespace std;

int main()
{
    int n, a, sum;
    while(scanf("%d", &n) !=EOF)
    {
        sum =0;
        for(int i =1; i <=n; i ++)
        {
            scanf("%d", &a);
            sum =sum +a;
        }
        printf("%d\n", sum);
    }

    return 0;
}
```

【例 5.11】 计算 a+b。输入数据有多组,每组占一行,它有两个整数 a、b,这两个整数用空格隔开。对于每组输入数据 a 和 b,输出一行,即 a+b 的值,每个 a+b 的值后面有一个空行。

输入样例:

```
1 5
10 20
```

输出样例:

```
6

30
```

【分析】根据题意可知,输入数据有多组,但是并没有说到底有多少组,那输入数据什么时候结束呢? 直到文件尾时输入就结束。此题还要注意输出格式,每个 a+b 的值后面有一个空行。

```
#include<bits/stdc++.h>
using namespace std;

int main()
{
```

```
    int a, b;
    while(scanf("%d%d", &a, &b) !=EOF)
    {
        printf("%d\n\n", a +b);
    }

    return 0;
}
```

【例 5.12】 计算一些整数的和。输入数据首先是一个整数 t,表示测试实例的组数。然后是 t 行,每组测试实例的第一个数 n,表示在同一行里接着下来有 n 个整数。对于每组输入数据,输出一行,即 n 个数的和。每行输出数据之间有一个空行。

输入样例:

```
3
4 1 2 2 5 6
5 1 2 30 7 8
3 8 19 20
```

输出样例:

```
25

48

47
```

【分析】根据题意可知,输入数据有多组,组数由第 1 行的 t 所决定。每组的第 1 个数为 n,n 为求和整数的个数。输出有要求,每行输出数据之间有一个空行。

```
#include<bits/stdc++.h>
using namespace std;

int main()
{
    int t, n, a, sum;
    scanf("%d", &t);
    for(int k =1; k <=t; k ++)
    {
        scanf("%d", &n);
        sum =0;
        for(int i =1; i <=n; i ++)
        {
            scanf("%d", &a);
            sum =sum +a;
        }
        printf("%d\n", sum);
        if(k !=t) printf("\n");
    }

    return 0;
}
```

练 习 5

程序设计题

1. 画三角形(洛谷 B3837)。输入一个正整数 n,请使用大写字母拼成一个这样的三角形图案:三角形图案的第 1 行有 1 个字母,第 2 行有 2 个字母,以此类推;在三角形图案中,由上至下、由左至右依次由大写字母 A~Z 填充,每次使用大写字母 Z 填充后,将从头使用大写字母 A 填充。

输入一行,包含一个正整数 n,约定 2≤n≤40。输出符合要求的三角形图案。注意每行三角形图案的右侧不要有多余的空格。

输入样例:

```
7
```

输出样例:

```
A
BC
DEF
GHIJ
KLMNO
PQRSTU
VWXYZAB
```

2. 输入一个正整数 n,找出构成它的最小的数字,用该数字组成一个新数,新数的位数与原数相同。

输入样例:

```
543278
```

输出样例:

```
222222
```

3. 输入一批学生的成绩,遇 0 或负数则输入结束,编程统计并输出优秀(score≥85)、通过(60≤score<85)和不及格(score<60)的学生人数。

输入样例:

```
68 70 59 40 89 97 73 20 100 0
```

输出样例:

```
[85,100]:3
[60,85):3
(0,60):3
```

4. 设计程序,找出 5000 以内符合条件的自然数以及它们的总个数。条件:千位数字与百位数字之和等于十位数字与个位数字之和,且千位数字与百位数字之和等于个位数字与千位数字之差的 10 倍。

输入样例：
本题无输入。
输出样例：
1982 2873 3764 4655
4

第6章 函 数

函数可以用来定义可重用的代码,并组织和简化这些代码。一个设计得当的函数可以把程序中不需要了解的具体操作细节隐藏起来,从而使整个程序结构更加清晰,便于程序的编写、阅读和调试。

在 C/C++ 语言程序中,一个函数就是一个程序模块。一个 C/C++ 语言程序至少有一个以 main 为名的主函数,主函数是整个程序的入口和正常的出口。一个比较复杂的程序是由多个函数构成的,从 main() 函数出发,通过函数调用,使得这些函数成为一个整体。

6.1 实 例 导 入

【例 6.1】 求组合数(TK23661)。编程求组合数,$C_m^n = \dfrac{m!}{n!(m-n)!}$。输入两个正整数 m 和 n,0<n<m<13。输出组合数。

例 6.1

输入样例:

```
6 3
```

输出样例:

```
20
```

【分析】这道题主要求三个阶乘,即 m!、n!、(m−n)!,最后按照计算组合数的公式算出结果。请注意 m、n 的范围"0<n<m<13",正因为给定了 m、n 的范围,下面的程序中计算阶乘时就可以用 int 数据类型。

```
#include<bits/stdc++.h>
using namespace std;

int main()
{
    int m, n, result;
    int t1, t2, t3;

    scanf("%d%d", &m, &n);
    //求 m 的阶乘
    t1 =1;
    for(int i =1; i <=m; i ++) t1 * =i;
```

```
            //求 n 的阶乘
            t2 = 1;
            for(int i = 1; i <= n; i ++) t2 *= i;

            //求 m-n 的阶乘
            t3 = 1;
            for(int i = 1; i <= m - n; i ++) t3 *= i;

        result = t1 / (t2 * t3);
        printf("%d\n", result);

        return 0;
    }
```

现在来看这三段有灰色底纹的代码，这三段代码的结构相同，功能也相同，分别计算 m!、n!和(m − n)!。以上代码看上去比较累赘，不够简洁，有没有办法解决这个问题呢？

当然有。可以把有灰色底纹的这三段代码用一段代码来替代，也就是自定义一个函数，这个函数的功能就是计算阶乘，至于是计算 m!、n!，还是计算(m − n)!，那就由实际参数（简称"实参"）来决定。现在对上面的程序进行改进：

```
1   #include<bits/stdc++.h>
2   using namespace std;
3
4   int fact(int n);                //函数的声明
5   int main()
6   {
7       int m, n, result;
8       int t1, t2, t3;
9
10      scanf("%d%d", &m, &n);
11
12      //函数的调用。三次调用函数,分别计算 m!、n!和(m-n)!
13      t1 = fact(m);
14      t2 = fact(n);
15      t3 = fact(m-n);
16
17      result = t1 / (t2 * t3);
18      printf("%d\n", result);
19
20      return 0;
21  }
22  int fact(int n)                 //函数的定义。定义计算 n!的函数
23  {
24      int t = 1;
25      for(int i = 1; i <= n; i ++) t *= i;
26      return t;
27  }
```

改进的程序比原来的程序简洁明了，而且易懂。

有人说："我不这样认为啊，不就是三段代码变成了一段代码吗？而且改进的程序很麻烦，又是函数定义，又是函数声明，又是函数调用，不如原程序来得简单，我只需要复制两次，

然后稍做修改就行了。"大家想想,如果要对这些复制的代码做修改,必须每段都修改,这时就很容易出现错误,而且麻烦。

当然这个程序代码量少,确实看不出来有太大的优势,但如果是几百行、几千行,甚至是几百万行的代码,这些都放在一个 main() 函数中,那么要想读懂它,就是一件非常困难的事了。

自定义一个求阶乘的函数,以后只要是需要求阶乘,就可以把第 22~27 行的求阶乘的函数定义直接拿过来用。

我们用的 scanf() 函数和 printf() 函数是用来完成输入、输出功能的,这两个函数就是别人已经写好的,你只管拿过来用,而不需要每次写 C/C++ 语言程序,先要写完成输入、输出功能的代码。现在,大家有没有觉得确实比较方便呢?

6.2 函数的基本知识

在 C/C++ 语言中,函数(function)是构成程序的基本模块,C/C++ 语言程序可以看成变量定义和函数定义的集合。程序的执行从 main() 函数的入口开始,到 main() 函数的出口结束,中间可以调用很多函数。

函数之间的通信可以通过函数参数、函数返回值、外部变量进行。函数在源文件中出现的次序可以是任意的。只要保证每个函数不被分离到多个文件中,源程序就可以分成多个文件。

根据函数的用途,将函数分为以下三类:

(1) 求值类函数。使用函数是为了求一个值,如例 6.1,求阶乘的函数。

(2) 判断类函数。使用函数是为了检查一个判断是否成立,如例 6.3,判断一个数是否为水仙花数。

(3) 操作类函数。使用函数是为了实现某一个功能或者完成某一项操作,如例 6.4,重复打印给定字符 n 次。

从使用者的角度,将函数分为以下两类:

(1) 标准库函数。前面的章节介绍了一些 ANSI C 标准定义的标准库函数,如 printf()、scanf()、sqrt()等。符合 ANSI C 标准的 C 语言的编译器,都必须提供这些常用的库函数。

此外,还有第三方函数库可供用户使用,它们不在 ANSI C 标准范围内,是由其他厂商自行开发的 C 语言函数库,能扩充 C 语言在图形、网络、数据库等方面的功能,用于完成 ANSI C 标准中不包含的功能。

(2) 自定义函数。如果库函数不能满足程序设计者的编程需要,那么就需要他们自己来编写函数,完成自己所需要的功能,这类函数称为自定义函数。如例 6.1 中的计算阶乘的函数 fact() 就是自定义函数。

本章重点讲解自定义函数。

6.2.1 函数的定义

函数的定义就是编写一个函数,实现所需要的功能。函数的定义分为两部分:函数首部和函数体。函数首部包含函数返回值类型、函数名、形式参数(简称"形参")声明表等内

容,函数名和参数列表一起构成了函数签名。函数体是函数功能的具体实现。函数定义的格式如下:

```
返回值类型 函数名(形参列表)
{
    声明和语句
}
```

(1) 函数名:是任何有效的标识符。

(2) 形参列表:如果函数带有形参,则要声明它们,多个形参要用逗号隔开,并且每个形参都要指明它的数据类型;如果没有形参,可使用 void 进行声明,也可以不写,但括号不能省略。形参名是任何有效的标识符。

(3) 返回值类型:如果有的函数定义中省略了返回值类型,则默认为 int 类型,但建议无论什么情况均写上返回值类型。函数可以通过 return 语句向调用者返回值,return 语句的后面可以跟任何表达式,格式如下:

```
return (表达式);
```

此处的括号是可选的。在必要时,表达式将被转换为函数的返回值类型。函数也可以忽略返回值,而且 return 语句的后面也不一定需要表达式。

当 return 语句的后面没有表达式时,函数将不向调用者返回值。当函数执行到最后的右花括号而结束执行时,控制同样也会返回给调用者(不返回值)。

请注意:如果某个函数从一个地方返回时有返回值,而从另一个地方返回时没有返回值,该函数并不非法,但可能是一种出问题的征兆。

在任何情况下,如果函数没有成功地返回一个值,则它的"值"肯定是无用的。

函数定义中的各构成部分都可以省略。最简单的函数如下:

```
dummy(){}
```

该函数不执行任何操作也不返回任何值。这种不执行任何操作的函数有时很有用,它可以在程序开发期间用以保留位置,留待以后填充代码。

函数体中也可以定义自己的变量,称为内部变量(或局部变量)。它与其他函数中的变量不相冲突。

提示:C/C++ 语言的函数定义是互相平行的、独立的,也就是说,在定义函数时,一个函数内不能包含另一个函数。

6.2.2 函数的调用

函数的调用就是执行函数中的代码。它包含函数名和实参列表。函数调用的格式如下:

```
函数名(实参列表);
```

实参与形参的个数相同、数据类型相同或者赋值兼容、次序一致。每个实参为一个表达式,实参与实参之间的逗号是分隔符,而不是顺序求值的逗号运算符,它不保证参数的求值顺序从左至右进行,参数的求值顺序由具体实现确定。

在使用函数时可以把函数看作一个"黑盒",只要将数据传送给它,就能得到需要的结果,而外部程序并不知道函数内部的工作过程,也不需要知道,外部程序仅限于给函数输入什么以及函数输出什么。

按在程序中出现的位置来分,函数调用有以下三种方式:

(1) 函数调用作为一条语句,例如:

```
printf("Hello,World!\n");
```

(2) 函数调用出现在一个表达式中,这时要求函数带回一个确定的值以参加表达式的运算,例如:

```
x = 2 * fact(5);
```

(3) 函数调用作为一个函数的实参,例如:

```
printf("%d", fact(5));
```

提示:C/C++ 语言是以传值的方式将参数值传递给被调用函数,这样,被调用函数不能直接修改主调函数中变量的值。

必要时,也可以让函数能够修改主调函数中的变量值。传值调用的利大于弊。在被调用函数中,参数可以看作便于初始化的局部变量,因此额外使用的变量更少,这样程序可以更紧凑、更简洁。

C/C++ 语言程序从 main() 函数的起始处开始执行,程序在执行过程中如果遇到了对其他函数的调用,则暂停当前函数的执行,保存下一条指令的地址(即返回地址,作为从被调用函数返回后继续执行的入口点),并保存现场(中间变量等是现场的内容),然后转到被调用函数的入口地址执行被调用函数。当遇到 return 语句或者被调用函数结束时,则恢复先前保存的现场,并从先前保存的返回地址开始继续执行。

【**例 6.2**】 写出下列程序的运行结果。

```
1   #include<bits/stdc++.h>
2   using namespace std;
3
4   void fun(int x);
5   int main()
6   {
7       int x = 2, k;
8       for(k = 0; k < 2; k ++)
9       {
10          fun(x);
11          printf("main():x=%d\n", x);
12      }
13
14      return 0;
15  }
16  void fun(int x)
17  {
```

```
18        int y =10;
19        x +=y;
20        printf("fun():x=%d\n", x);
21    }
```

运行结果:

```
fun():x=12
main():x=2
fun():x=12
main():x=2
```

【运行结果分析】

这是一道读程序题。根据读程序的三遍原则:

第一遍,整体读程序,可看出本题有 main() 和 fun() 这两个函数。main() 函数是主函数,这是每个 C/C++ 语言程序必须具有的,fun() 函数是一个自定义函数,它的功能非常简单,只做简单的运算,然后输出结果。

第二遍,读 main() 函数,main() 函数的结构也比较简单,主要有一条 for 循环语句,在这条 for 循环语句中,调用 fun() 函数。我们画图表示 main() 和 fun() 函数的关系,如图 6-1 所示。

图 6-1 中的箭头表示调用关系,弧尾表示调用者(即 main() 函数),弧头表示被调用者(即 fun() 函数)。

第三遍,从 main() 函数入口模拟程序的执行过程,分析每条语句。下面就是程序的分析过程。

(1) main() 函数是 C/C++ 语言程序的入口。首先,main() 函数的第 7 行,为内部变量 k、x 分配存储单元,并将 x 初始化为 2,如图 6-2 所示。

因为 k 是内部变量,此时 k 单元中的值是随机数,我们用空白表示。

(2) 执行 for 循环语句。

① 执行 k=0 语句,此时 k = 0,k < 2 成立,执行循环语句。

调用 fun() 函数,把实参 x 的值传递给形参 x。形参是局部变量,函数调用时,就为它分配存储单元,如图 6-3 所示。

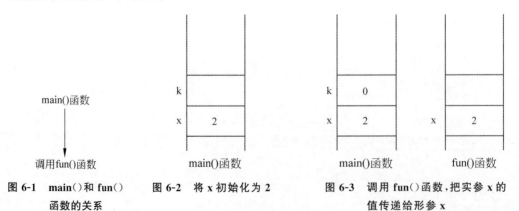

图 6-1 main() 和 fun()   图 6-2 将 x 初始化为 2   图 6-3 调用 fun() 函数,把实参 x 的
函数的关系   值传递给形参 x

接着下来,执行 fun() 函数。

执行 int y = 10 语句后,各存储单元的值变化如图 6-4 所示。

执行 x＋＝y 语句后,各存储单元的值变化如图 6-5 所示。

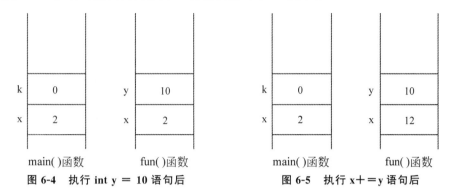

图 6-4　执行 int y ＝ 10 语句后　　　　图 6-5　执行 x＋＝y 语句后

执行第 20 行语句,输出 x 的值。

执行第 21 行语句,fun()函数执行结束,释放它的局部变量所占的存储单元。各存储单元的值变化如图 6-6 所示。

执行第 11 行语句,输出 x 的值。

② 执行 k＋＋语句,此时 k ＝ 1,k ＜ 2 成立,执行循环语句。

调用 fun()函数,把实参 x 的值传递给形参 x。形参是局部变量,函数调用时,就为它分配存储单元,如图 6-7 所示。

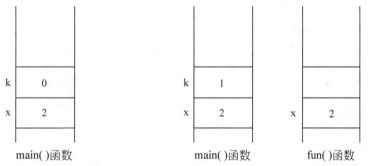

图 6-6　fun()函数执行结束　　图 6-7　调用 fun()函数,把实参 x 的值传递给形参 x

接着下来,执行 fun()函数。

执行 int y ＝ 10 语句后,各存储单元的值变化如图 6-8 所示。

执行 x ＋＝ y 语句后,各存储单元的值变化如图 6-9 所示。

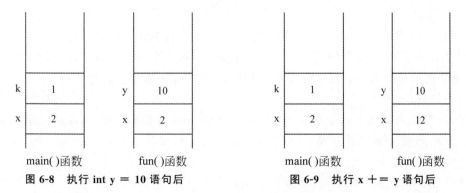

图 6-8　执行 int y ＝ 10 语句后　　　　图 6-9　执行 x ＋＝ y 语句后

执行第 20 行语句,输出 x 的值。

执行第 21 行语句,fun()函数执行结束,释放它的局部变量所占的存储单元。各存储单元的值变化如图 6-10 所示。

执行第 11 行语句,输出 x 的值。

③ 执行 k++语句,此时 k=2,k<2 不成立,跳出循环,执行第 14 行(即 return 0)语句,程序结束。

例 6.2 程序的执行过程也可以用图 6-11 描述,标号说明程序的执行顺序。

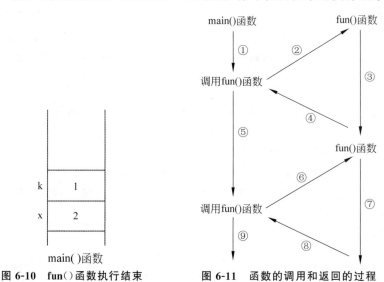

图 6-10 fun()函数执行结束   图 6-11 函数的调用和返回的过程

从图 6-11 可以看出,main()函数两次调用了 fun()函数,这是由循环语句决定的。

6.2.3 函数的声明

函数声明的格式如下:

返回值类型 函数名(形参声明表);

函数声明也叫函数原型,可以把函数返回值的数据类型、函数期望接收到的形参个数、形参的数据类型以及这些形参的顺序告诉编译器。编译器使用函数原型来测试函数的调用。

例如,math 库中 sqrt()的函数原型如下:

double sqrt(double x);

这个原型说明函数 sqrt()有一个 double 类型的形参,它的返回值类型也是 double。

原型只指定调用程序和函数之间传递的值的类型,从原型中看不出定义函数的真正语句,也不知道函数的功能。把参数名包含在函数原型中,这是为了进行文档说明,编译器会忽略这些参数名。

提示:函数与调用它的函数放在同一源文件中,如果类型不一致,编译器就会检测到该错误。但是,如果函数是单独编译的(这种可能性更大),这种不匹配的错误就无法检测到,最后的结果值毫无意义。

提示:函数的声明不是必需的,如果函数的定义在使用它之前,就不需要进行函数声明。

我们刚刚学了函数的定义、函数的调用、函数的声明,现在用两个例子来说明在遇到具体问题时,应该怎么分析,怎么写函数,怎么用函数。

【例6.3】 水仙花数(信息学奥赛一本通2029)。求100~999中的水仙花数。若三位数ABC,ABC=$A^3+B^3+C^3$,则称ABC为水仙花数。例如153,$1^3+5^3+3^3=1+125+27=153$,则153是水仙花数。输入无。由小到大输出满足条件的数,每个数占一行。

例6.3

【分析】

可以自定义一个函数,它的功能就是用于判断所给定的数是否是水仙花数,此函数有一个形参就够了。

把n作为形参,也就是说n是任意的,只要给一个n,就能判断它是否是水仙花数。这类似工厂工人要判断刚生产的一件产品是否合格,工人只要用一台机器machineX去检测一下就可以了,machineX就会告诉他们是否合格,至于machineX是怎么判断的,他们就不用关心了。

我们来写一下这个函数:

```
bool judge(int n)
{
    int a, b, c;
    a = n % 10;                                    //个位
    b = n / 10 % 10;                               //十位
    c = n / 100;                                   //百位
    if(n == a * a * a + b * b * b + c * c * c)     //如果符合条件,n就是水仙花数
        return true;
    else
        return false;
}
```

如果n是水仙花数则返回"true";否则返回"false"。bool judge(int n)中的n是形参,不是具体的,它的值是从实参而来的。这类似刚刚所说的machineX是检测A产品,还是B产品,还是C产品,这由工人所决定。工人给它A产品,它就检测A产品,工人给它B产品,它就检测B产品,只要是machineX能检测的就行。

到这里我们才完成了一个函数的定义,judge()函数已具备了判断一个数是否是水仙花数的功能,但还没有用起来,要想用它就必须进行函数调用。这类似工厂中的用于判断产品是否合格的machineX就在那里,而工人并没有拿产品让它检测,那么这台机器就在休息,要让它工作,就必须拿产品让它检测。

现在,我们来完成这个程序。

```
#include<bits/stdc++.h>
using namespace std;

bool judge(int n);                                 //函数的声明
int main()
{
    for(int i =100; i <=999; i ++)
```

```
            if(judge(i))                          //函数的调用
                printf("%d\n", i);
        return 0;
    }
    bool judge(int n)
    {
        int a, b, c;
        a = n % 10;                               //个位
        b = n / 10 % 10;                          //十位
        c = n / 100;                              //百位
        if(n == a * a * a + b * b * b + c * c * c)   //如果符合条件,n就是水仙花数
            return true;
        else
            return false;
    }
```

judge()函数的功能是判断所给定的 n 是否为水仙花数,所以它属于判断类函数。if(judge(i))是 if(judge(i) == true)的简写。

【例 6.4】 编写程序,重复打印如下给定字符 n 次。

输入样例:

@ 5

输出样例:

@ @ @ @ @

【分析】

根据题意,要重复打印给定字符 n 次,这里就要知道两个信息:①给定的字符;②需要重复的次数。

我们写一个函数来实现这个功能,那么这个函数就必须知道这两个信息,所以它的形参应该有两个。

```
    #include<bits/stdc++.h>
    using namespace std;

    void printChar(char ch, int count);           //函数的声明
    int main()
    {
        int n;
        char c;
        c = getchar();
        scanf("%d", &n);
        printChar(c, n);                          //函数的调用

        return 0;
    }
    void printChar(char ch, int cnt)              //函数的定义
    {
        for(int i = 1; i <= cnt; i ++)
            putchar(ch);
```

```
    printf("\n");
}
```

printChar()函数的功能是根据给定的字符和需要重复打印的次数,重复输出字符即可,它不需要把值返回调用它的函数,所以它属于操作类函数。

虽然 C/C++ 语言不能嵌套定义函数,但可以嵌套调用函数,也就是说,在调用一个函数的过程中,又调用了另一个函数。

在例 6.4,main()函数中又调用了 printChar()函数,这就是函数的嵌套调用。例 6.4 程序的执行过程如图 6-12 所示,标号说明程序的执行顺序。

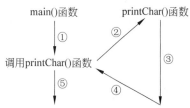

图 6-12 例 6.4 程序的执行过程

6.2.4 函数设计的基本原则

如果某一功能重复实现三遍以上,就应该考虑将其写成函数。这样不仅能使程序的结构更清晰,而且有利于模块的复用。从根本上讲,函数设计要遵循"信息隐藏"的指导思想,即把与函数有关的代码和数据对程序的其他部分隐藏起来。在设计函数时,在函数规模、函数功能以及函数接口等方面,需要遵循以下原则:

(1) 函数的规模要小,尽量控制在 50 行以内,因为这样的函数更容易维护,出错概率要小。

(2) 函数的功能要单一,不要让它身兼数职,即不要设计具有多种用途的函数。

(3) 每个函数只有一个入口、一个出口,因此尽量不要使用全局变量向函数传递信息。

(4) 由于并非所有的编译器都能捕获实参与形参类型不匹配的错误,因此程序设计人员在函数调用时应确保函数的实参类型与形参类型相匹配。在程序开头进行函数原型声明,并将函数参数的类型书写完整,没有参数时用 void 声明,这有助于编译器进行类型匹配检查。

(5) 当函数需要返回值时,应确保函数中的所有控制分支都有返回值。函数没有返回值时应用 void 声明。

6.3 以引用方式传递参数

当用参数调用一个函数的时候,参数的值被传递给了函数的形参,这种称为值传递。不论形参在函数中怎么变化,变量的值都不受影响。

值传递的方式有很大的局限性,C++ 提供了一种特殊的变量,称为引用变量。可以通过引用变量来访问和修改存储在变量中的原数据。一个引用变量实质上是另一个变量的别名,任何对引用变量的改变实际上都会作用到原变量上。

为声明一个引用变量,应在变量名前或变量数据类型后加一个"与符号(&)"。例如,声明一个引用变量 r 来引用变量 count:

```
int &r = count;
```

或

```
int & r = count;
```

或

```
int& r = count;
```

【例 6.5】 使用引用变量的实例。

```
#include<bits/stdc++.h>
using namespace std;

int main()
{
    int count = 1;
    int &r = count;

    cout <<"count is " <<count <<endl;
    cout <<"r is " <<r <<endl;

    r ++;
    cout <<"count is " <<count <<endl;
    cout <<"r is " <<r <<endl;

    count = 10;
    cout <<"count is " <<count <<endl;
    cout <<"r is " <<r <<endl;

    return 0;
}
```

运行结果：

```
count is 1
r is 1
count is 2
r is 2
count is 10
r is 10
```

可以将函数的形参声明为引用变量形式，调用时传递一个常规变量，这样，形参就成为原变量的一个别名，这就是引用传递方式。当改变引用变量(形参)的值时，原变量的值也会改变。

例 6.6

【例 6.6】 数字黑洞(PAT 乙级 1019)。给定任意一个各位数字不完全相同的 4 位正整数，如果我们先把 4 个数字按非递增排序，再按非递减排序，然后用第 1 个数字减第 2 个数字，将得到一个新的数字。一直重复这样做，我们很快会停在有"数字黑洞"之称的 6174，这个神奇的数字也叫 Kaprekar 常数。现给定任意一个 4 位正整数，请编写程序演示到达黑洞的过程。

输入一个 $(0, 10^4)$ 区间内的正整数 N。

如果 N 的 4 位数字全相等，则在一行内输出 N-N = 0000；否则将计算的每一步在一行内输出,直到 6174 作为差出现,输出格式见样例。注意每个数字按 4 位数格式输出。

输入样例 1:

```
6767
```

输出样例 1:

```
7766 - 6677 = 1089
9810 - 0189 = 9621
9621 - 1269 = 8352
8532 - 2358 = 6174
```

输入样例 2:

```
2222
```

输出样例 2:

```
2222 - 2222 = 0000
```

【分析】写一个 change() 函数,对正整数 n 进行拆分,拆分后的各位数字组成最小值、最大值,然后通过引用变量改变实参的值。

```
#include<bits/stdc++.h>
using namespace std;

void change(int n, int &minv, int &maxv)
{
    int x[4];
    x[0] = n / 1000;
    x[1] = n / 100 % 10;
    x[2] = n / 10 % 10;
    x[3] = n % 10;
    sort(x, x + 4);

    minv = 0, maxv = 0;
    for(int i = 0; i < 4; i++) minv = minv * 10 + x[i];
    for(int i = 3; i >= 0; i--) maxv = maxv * 10 + x[i];
}
int main()
{
    int n, minv, maxv;
    cin >> n;
    while(true)
    {
        change(n, minv, maxv);
        n = maxv - minv;
        printf("%04d - %04d = %04d\n", maxv, minv, n);
        if(n == 6174 || n == 0) break;
    }

    return 0;
}
```

程序中用到的 sort() 是 C++ 的 STL 中的 sort()。sort() 函数可以对给定区间所有元素进行排序。它有三个参数 sort(begin,end,cmp),其中 begin 参数为指向待排序的数组的第一个元素的指针;end 参数为指向待排序的数组的最后一个元素的下一个位置的指针;cmp 参数为排序规则,可以不写,如果不写,则默认从小到大进行排序。如果想从大到小排序,则将 cmp 参数写为 greater<int>(),即对 int 类型数组进行排序。

值传递和引用传递是函数参数传递的两种方式。值传递方式将实参的值传递给一个无关的变量(形参),而引用传递方式中形参与实参共享相同的变量。从语义角度讲,传引用可以理解为传共享。

当使用引用传递方式的时候,实参必须是一个变量。当使用值传递方式的时候,传入的参数可以是一个数值、一个变量,或者是一个表达式,甚至是另一个函数的返回值。

6.4 局部、全局和静态变量

C/C++ 中一个变量可以被声明为一个局部、全局或静态变量。

函数内部定义的变量称为局部变量。定义在所有函数之外的变量称为全局变量,可被其作用域内的所有函数访问。局部变量没有默认值,而全局变量的默认值为 0。

变量必须在使用之前声明。一个变量的作用域就是能引用该变量的程序范围。一个局部变量的作用域从它的声明位置开始,直到包含它的程序块结束为止。一个全局变量的作用域从它的声明位置开始,直到程序末尾为止。

如果一个函数中定义了一个与全局变量同名的局部变量,那么在函数内部只有局部变量是可见的。

提示:一个变量以全局变量的形式声明一次,就可以在所有函数中使用它。但是,这是一种不好的编程习惯。由于所有函数都可以改变全局变量的值,这可能会导致难以调试的错误。应尽量避免使用全局变量,当常量永远不会改变时,使用全局常量是没有问题的。

6.4.1 for 循环中变量的作用域

一个变量如果声明在一个 for 循环的表达式 1 中,则其作用域覆盖整个循环。但如果一个变量在 for 循环的循环体内声明,则其作用域局限于循环体内部,从其声明位置开始,到包含它的程序块的末尾为止。

通常,在一个函数的多个非嵌套的程序块中,多次使用相同名字声明局部变量是可以的,例如:

```
void function1()
{
    int x =1, y =1;
    for(int i =1; i <10; i ++) x +=i;
    for(int i =1; i <10; i ++) y +=i;
}
```

但是,在嵌套的程序块中多次声明同名的变量,是不好的编程习惯,因为这种编程方式极容易造成错误,例如:

```
void function2()
```

```
{
    int i = 1, sum = 0;
    for(int i = 1; i < 10; i ++) sum += i;
    cout << i << endl;
    cout << sum << endl;
}
```

提示：在一个程序块中声明的变量，不要试图在块外使用。这是一个常见的错误，例如：

```
for(int i = 0; i < 10; i ++)
{
}
cout << i << endl;
```

最后一条语句会引起一个语法错误，因为变量 i 在 for 循环之外并没有定义。

6.4.2 静态局部变量

当一个函数结束执行后，其所有局部变量都会被销毁，这些变量也称为自动变量。有时，我们需要保留局部变量的值，以便下次调用时使用，C/C++ 提供了静态局部变量机制来达到此目的。在程序的整个生存周期中，静态局部变量会一直驻留在内存中。静态局部变量的声明使用关键字 static。静态变量的初始化只在第一次调用时发生一次。

【**例 6.7**】 变量的作用域与生存周期。

```
1   #include<bits/stdc++.h>
2   using namespace std;
3
4   void other();
5   int i = 1;
6
7   int main()
8   {
9       static int a;
10      int b = -10;
11      int c = 0;
12
13      printf("-----MAIN-------\n");
14      printf("i:%d a:%d b:%d c:%d\n", i, a, b, c);
15
16      c = c + 8;
17      other();
18
19      printf("-----MAIN-------\n");
20      printf("i:%d a:%d b:%d c:%d\n", i, a, b, c);
21
22      i = i + 10;
23      other();
24
25      return 0;
```

```
26    }
27    void other()
28    {
29        static int a =2;
30        static int b;
31        int c =10;
32
33        a =a +2;
34        i =i +32;
35        c =c +5;
36
37        printf("-----OTHER------\n");
38        printf("i:%d a:%d b:%d c:%d\n", i, a, b, c);
39
40        b =a;
41    }
```

运行结果：

```
-----MAIN-----
i:1   a:0   b:-10   c:0
-----OTHER-----
i:33  a:4   b:0    c:15
-----MAIN-----
i:33  a:0   b:-10  c:8
-----OTHER-----
i:75  a:6   b:4    c:15
```

【运行结果分析】

这是一道读程序题。根据读程序的三遍原则：

第一遍，整体读程序，可看出本题有 main() 和 other() 这两个函数，main() 函数是主函数，这是每个 C 语言程序必须具有的，other() 函数是一个自定义函数，它的功能非常简单，只做简单的运算，然后输出结果。

第二遍，读 main() 函数，main() 函数的结构也比较简单，只有一些赋值语句和输出语句，在 main() 函数中两次调用了 other() 函数。我们画图表示 main() 和 other() 函数的关系，如图 6-13 所示。

第三遍，从 main() 函数入口模拟程序的执行过程，分析每条语句，主要是查看内存中的存储示意图。下面就是程序的分析过程。

(1) 程序从 main() 函数开始执行。

(2) 执行第 9～11 行语句后，内存中的存储示意图如图 6-14 所示。

图 6-13 main() 和 other() 函数的关系

接着执行第 13、14 行语句，输出

```
-----MAIN-----
i:1   a:0   b:-10   c:0
```

(3) 执行第 16 行（即 c=c+8）语句后，c=8，内存中的存储示意图如图 6-15 所示。

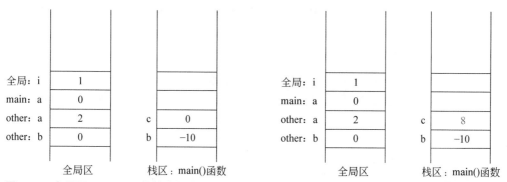

图 6-14　全局区、main()函数的变量及值(1)　　　图 6-15　全局区、main()函数的变量及值(2)

（4）执行第 17 行语句,调用 other()函数,进入 other()函数内部。因为变量 a 和 b 都是局部静态变量,它在程序编译的时候空间就已经分配好,并且都已赋好了初值 2 和 0,而且它的空间和值可保持,直到程序结束时才释放空间。第 29、30 行语句不再执行。执行第 31~35 行语句后,内存中的存储示意图如图 6-16 所示。

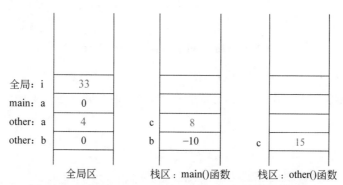

图 6-16　全局区、main()函数、other()函数的变量及值(1)

然后执行第 37、38 行语句,输出

```
-----OTHER-----
i:33  a:4  b:0  c:15
```

接着执行第 40 行语句,此时内存中的存储示意图如图 6-17 所示。

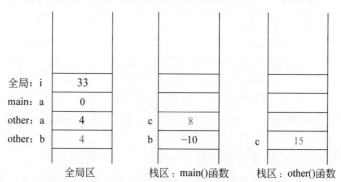

图 6-17　全局区、main()函数、other()函数的变量及值(2)

紧接着,other()函数结束,other()函数中的动态局部变量 c 消亡,返回 main()函数。

(5) 执行第 19 行、20 行语句,输出

```
-----MAIN-----
i:33  a:0  b:-10  c:8
```

接着执行第 22 行(即 i = i + 10)语句,此时 i = 43,内存中的存储示意图如图 6-18 所示。

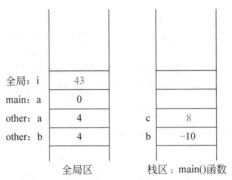

图 6-18　全局区、main()函数的变量及值(3)

(6) 执行第 23 行语句,调用 other()函数,进入 other()函数内部。与上面同理,第 29、30 行语句不再执行。执行第 31～35 行语句后,内存中的存储示意图如图 6-19 所示。

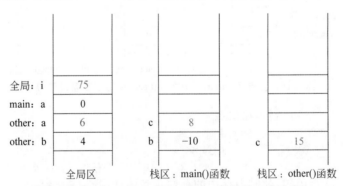

图 6-19　全局区、main()函数、other()函数的变量及值(3)

然后执行第 37～38 行语句,输出

```
-----OTHER-----
i:75  a:6  b:4  c:15
```

接着执行第 40 行语句,此时内存中的存储示意图如图 6-20 所示。

紧接着,other()函数结束,other()函数中的动态局部变量 c 消亡,返回 main()函数。

(7) 执行第 25 行语句,整个程序结束。

提示:在一个遵循良好程序设计风格的程序中,应该避免出现变量名隐藏外部作用域中相同名字的情况,因为这种情况很可能引起混乱和错误。

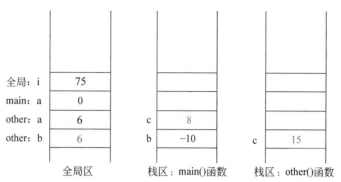

图 6-20　全局区、main()函数、other()函数的变量及值(4)

6.5　函数的递归调用

递归是一种能够解决那些难以用简单循环解决的问题的编程技术。使用递归，就是使用递归函数来编程。递归函数就是那些调用自身的函数。直接调用自己，称为直接递归；间接调用自己，称为间接递归。

递归是一种很有用的程序设计技术。在某些情况下，使用递归可以设计出自然、直接、简单的问题求解方案，而使用其他方法求解则会很困难，比如汉诺塔问题。

【例 6.8】 计算阶乘（洛谷 P5739）。求 n!，也就是求 $1\times2\times3\times\cdots\times n(1\leqslant n\leqslant12)$。

输入样例：

```
3
```

输出样例：

```
6
```

例 6.8

【分析】

求阶乘太容易了！我们前面刚刚写过这个程序，是用迭代实现的。但这里我们换一种思路，用递归来实现求阶乘。根据阶乘的定义，有如下公式：

$$n!=\begin{cases}1, & n=0,1\\ n\times(n-1)!, & n>1\end{cases}$$

根据这个公式，可以把求 n!转换为求(n−1)!；求(n−1)!转换为求(n−2)!，以此类推。

```
#include<bits/stdc++.h>
using namespace std;

int fact(int n);
int main()
{
    int n, result;
    scanf("%d", &n);
    result = fact(n);
```

```
        printf("%d\n", result);

        return 0;
    }
    int fact(int n)
    {
        if(n ==0 || n ==1) return 1;
        return n * fact(n -1);
    }
```

当 n＝4 时，我们来模拟 fact( )函数的执行过程，如图 6-21 所示。

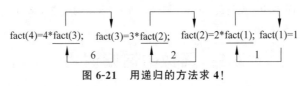

图 6-21　用递归的方法求 4!

写递归程序最怕的就是陷入永不结束的无穷递归中，所以，每个递归程序必须有一个条件，当这个条件满足时，递归不再进行，即不再引用自身而是退出。比如上面的例子，总有一次递归会使 n＝0 或 n＝1，这样就不用继续递归了，从而能结束程序。

迭代和递归的区别：迭代使用的是循环结构，递归使用的选择结构。递归能使程序的结构更清晰、更简洁、更容易让人理解。但是大量的递归调用会建立函数的副本，耗费大量的时间和空间，而迭代不需要反复调用函数和占用额外的内存。因此我们应该视不同情况而选择不同的实现方式。

【例 6.9】　写出下面程序的运行结果。

```
1   #include<bits/stdc++.h>
2   using namespace std;
3
4   void fun(int);
5   int main()
6   {
7       int a =3;
8       fun(a);
9       printf("\n");
10      return 0;
11  }
12  void fun(int n)
13  {
14      if(n >0)
15      {
16          --n;
17          fun(n);
18          printf("%d", n);
19      }
20  }
```

运行结果：

【运行结果分析】

当 n=3 时,我们来模拟 fun()函数的执行过程,如图 6-22 所示。

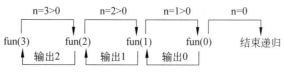

图 6-22 模拟 fun()函数的执行过程

程序从 main()函数开始执行,先调用 fun(3),在 fun(3)中调用 fun(2),在 fun(2)中调用 fun(1),在 fun(1)中调用 fun(0),此时 n=0,条件不成立,然后开始一层一层返回,返回 fun(1),在 fun(1)中 if 语句的第一条调用完了(刚返回的),因为――n,此时 n=0,输出 0,这时 fun(1)全部执行完毕,返回 fun(2)。

同样,fun(2)中 if 语句的第一条调用完了(刚返回的),因为――n,此时 n=1,输出 1,这时 fun(2)全部执行完毕,返回 fun(3)。

同样,fun(3)中 if 语句的第一条调用完了(刚返回的),因为――n,此时 n=2,输出 2,这时 fun(3)全部执行完毕,返回主函数 main()。执行第 9、10 行语句,整个程序结束。

【例 6.10】 汉诺塔问题(信息学奥赛一本通 1205)。汉诺塔(Hanoi Tower)又称河内塔,源于印度一个古老传说。在一块铜板上有三根杆,最左边的杆上自上而下、由小到大顺序串着由 64 个圆盘构成的塔。目的是将最左边杆上的圆盘全部移到中间的杆上,条件是一次只能移动一个圆盘,且不允许大圆盘放在小圆盘的上面。

若每微秒可以进行一次移动的计算(并不输出),那么解决 64 层的汉诺塔问题也需要几乎一百万年。我们仅能找出问题的解决方法并解决较小 N 值时的汉诺塔问题,但很难用计算机解决 64 层的汉诺塔问题。

假定圆盘从小到大编号为 1,2,…,输入为一个整数(小于 20)后面跟三个单字符字符串。整数为圆盘的数目,后面三个单字符表示三个杆子的编号。

输出每次移动圆盘的记录。一次移动一行。每次移动的记录为 a―>3―>b 的形式,即把编号为 3 的圆盘从 a 杆移到 b 杆。

输入样例:

```
2 a b c
```

输出样例:

```
a->1->c
a->2->b
c->1->b
```

【分析】假设 a 杆上有 n 个圆盘。移动的过程可分解为 3 个步骤:

第 1 步:把 a 杆上的 n−1 个圆盘移到 c 杆上(借助 b 杆)。

第 2 步:把 a 杆上的 1 个圆盘移到 b 杆上。

第 3 步:把 c 杆上的 n−1 个圆盘移到 b 杆上(借助 a 杆)。

```cpp
#include<bits/stdc++.h>
using namespace std;

//n个圆盘,最开始在 a 杆,移动到 b 杆,要借助 c 杆
void hanoi(int n, char a, char b, char c)
{
    if(n ==0) return;
    hanoi(n -1, a, c, b);
    printf("%c->%d->%c\n", a, n, b);
    hanoi(n -1, c, b, a);
}
int main()
{
    int n;
    char a, b, c;
    cin >>n >>a >>b >>c;
    hanoi(n, a, b, c);

    return 0;
}
```

当 n＝3 时,我们来模拟 hanoi()函数的执行过程,如图 6-23 所示,标号说明程序的执行顺序。

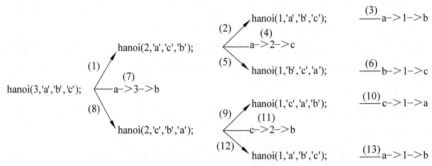

图 6-23 当 n＝3 时,hanoi()函数的执行过程

提示:

(1) 递归并不节省存储器的开销,因为在递归调用过程中必须在某个地方维护一个存储处理值的栈。

(2) 递归的执行速度并不快,但递归代码比较紧凑,并且比相应的非递归代码更易于编写和理解。

(3) 在描述树等递归定义的数据结构时使用递归尤其方便。

6.6 专题 3:最大公约数的求解

给定两个整数 a 和 b,其最大公约数(greatest common divisor,GCD)是能够同时被两个整数整除的最大数。下面介绍如下两种求解算法:欧几里得算法和更相减损法。

6.6.1 欧几里得算法

欧几里得算法,也称辗转相除法。其算法步骤如下:

> Step1 取 a 除以 b 的余数 r。
> Step2 如果 r 等于 0,求解过程结束,b 就是两个整数的最大公约数;否则,设 a 等于原来的 b,b 等于 r,重复 Step1 和 Step2。

```
int gcd(int a, int b)
{
    int r;
    while((r = a % b) != 0)
    {
        a = b;
        b = r;
    }
    return b;
}
```

下面是欧几里得算法的递归形式:

```
int gcd(int a, int b)
{
    return b ? gcd(b, a % b) : a;
}
```

【**例 6.11**】 分数求和(信息学奥赛一本通 1209)。输入 n 个分数并对它们求和,并用最简形式表示。最简形式是指:分子、分母的最大公约数为 1;若最终结果的分母为 1,则直接用整数表示。

例如:$\frac{5}{6}$、$\frac{10}{3}$ 均是最简形式,而 $\frac{3}{6}$ 需要化简为 $\frac{1}{2}$,$\frac{3}{1}$ 需要化简为 3。分子和分母均不为 0,也不为负数。

输入第一行是一个整数 n,表示分数个数,1≤n≤10;接下来 n 行,每行一个分数,用"p/q"的形式表示,不含空格,p、q 均不超过 10。

输出只有一行,即最终结果的最简形式。若为分数,则用"p/q"的形式表示。

输入样例:

```
2
1/2
1/3
```

输出样例:

```
5/6
```

【**分析**】先输入第 1 对 p、q,然后输入剩下的 n−1 对 p、q,边输入边做加法。最后对所得结果的分子、分母求最大公约数 d,做化简,再按题目的要求输出。

```
#include<bits/stdc++.h>
using namespace std;
```

```
int gcd(int a, int b)
{
    return b ? gcd(b, a %b) : a;
}
int main()
{
    int n, p1, q1, p2, q2;
    cin >>n;
    scanf("%d/%d", &p1 ,&q1);
    for(int i =2; i <=n; i ++)
    {
        scanf("%d/%d", &p2 ,&q2);
        p1 =p1 * q2 +p2 * q1;              //分子
        q1 =q1 * q2;                       //分母
    }
    int d =gcd(p1, q1);
    if(q1 / d ==1) printf("%d\n", p1 / d);
    else printf("%d/%d\n", p1 / d, q1 / d);

    return 0;
}
```

6.6.2 更相减损法

我国早期解决求最大公约数问题的算法就是更相减损法,又称"等值算法"。

其算法步骤如下:比较两个数是否相等,如果相等,则求解过程结束,x 或 y 就是两个整数的最大公约数;否则,以较大的数减去较小的数,接着把较小的数与所得的差比较,直到它们相等为止。

```
int gcd(int a, int b)
{
    while(a !=b)
    {
        if(a >b) a =a -b;         //以较大的数减去较小的数
        else b =b -a;             //以较大的数减去较小的数
    }
    return a;
}
```

6.7 应用实例

【例 6.12】 求正整数 2 和 n 之间的完全数(信息学奥赛一本通 1150)。完全数:因子之和等于它本身的自然数,如 6=1+2+3。

输入:n(n≤5000)。输出:一行一个数,按由小到大的顺序。

输入样例:

7

输出样例：

```
6
```

【第1种方法】扫描 1~n－1，看是否是 n 的因子。

```
#include<bits/stdc++.h>
using namespace std;

int judge(int n)
{
    int s =0;
    for(int i =1; i <n; i ++)
        if(n %i ==0)
            s +=i;
    if(s ==n) return true;
    return false;
}
int main()
{
    int n;
    cin >>n;
    for(int i =2; i <=n; i ++)
        if(judge(i))
            printf("%d\n", i);

    return 0;
}
```

【第2种方法】方法1速度慢，时间复杂度为 O(N)。

我们采取试除法求 N 的正约数集合。若 $d \geq \sqrt{N}$ 是 N 的约数，则 $N/d \leq \sqrt{N}$ 也是 N 的约数。换言之，约数总是成对出现的（除了完全平方数，$\sqrt{N}$ 会单独出现）。

因此，只需要扫描 $d=1 \sim \sqrt{N}$，尝试 d 能否整除 N，若能整除，则 N/d 也是 N 的约数。时间复杂度为 $O(\sqrt{N})$。

```
#include<bits/stdc++.h>
using namespace std;

bool judge(int n)
{
    int s =1;
    for(int i =2; i <=n / i; i ++)
        if(n %i ==0)
        {
            s =s +i;
            if(i !=n / i) s =s +n / i;
        }
    if(s ==n) return true;
    return false;
}
```

```cpp
int main()
{
    int n;
    cin >>n;
    for(int i =2; i <=n; i ++)
        if(judge(i))
            printf("%d\n", i);

    return 0;
}
```

【**例 6.13**】 三连击(洛谷 P1008)。将 1,2，…，9 共 9 个数分成 3 组,分别组成 3 个三位数,且使这 3 个三位数构成 1∶2∶3 的比例,试求出所有满足条件的 3 个三位数。

【**分析**】1,2,…,9 共 9 个数,组成的最小数是 123,因为要构成 1∶2∶3 的比例,所以组成的最小数的最大数是 333。如果两个集合内所有数相加、相乘结果一样,则两个集合的内容一样,1＋2＋3＋4＋5＋6＋7＋8＋9＝45,1×2×3×4×5×6×7×8×9＝362880。

```cpp
#include<bits/stdc++.h>
using namespace std;

int sum(int n)                  //各位数字的和
{
    return n / 100 +n / 10 %10 +n %10;
}
int fact(int n)                 //各位数字的积
{
    return (n / 100) * (n / 10 %10) * (n %10);
}
int main()
{
    int b, c, s1, s2, s3, t1, t2, t3;
    for(int a =123; a <=333; a ++)
    {
        b =a * 2, c =a * 3;
        s1 =sum(a), s2 =sum(b), s3 =sum(c);
        t1 =fact(a), t2 =fact(b), t3 =fact(c);
        if((s1 +s2 +s3 ==45) && (t1 * t2 * t3 ==362880))
            printf("%d %d %d\n", a, b, c);
    }

    return 0;
}
```

练 习 6

一、单项选择题

1. 下面关于 main()函数,叙述正确的是(　　)。

　　A. main()函数必须出现在所有函数之前

　　B. main()函数可以在任何地方出现

C. main()函数必须出现在所有函数之后

D. main()函数必须出现在固定位置

2. 对于一个正常运行和正常退出的 C/C++ 程序,以下叙述正确的是(　　)。

A. 程序的执行总是从 main()函数第一条可执行语句开始,在 main()函数执行完毕后结束

B. 程序的执行总是从程序的第一个函数开始,在 main()函数结束

C. 程序的执行总是从 main()函数开始,在程序的最后一个函数结束

D. 程序的执行总是从程序的第一个函数开始,在程序的最后一个函数结束

3. 以下叙述中错误的是(　　)。

A. 用户自定义的函数中可以没有 return 语句

B. 用户自定义的函数中可以有多个 return 语句,以便可以调用一次返回多个函数值

C. 用户自定义的函数中若没有 return 语句,则应当定义函数为 void 类型

D. 函数的 return 语句中可以没有表达式

4. 以下错误的描述是(　　)。

A. 不同的函数可以使用相同名字的变量,互不干扰

B. 形参都是局部变量

C. 函数定义可以嵌套

D. C/C++ 语言中的函数参数传递都是单向值传递

5. C/C++ 语言中规定函数的返回值的类型由(　　)。

A. return 语句中的表达式类型所决定

B. 调用该函数时的主调用函数类型所决定

C. 调用该函数时系统临时决定

D. 在定义该函数时所指定的函数类型所决定

6. 对于 C/C++ 语言的函数,下列叙述中正确的是(　　)。

A. 函数的定义不能嵌套,但函数调用可以嵌套

B. 函数的定义可以嵌套,但函数调用不能嵌套

C. 函数的定义和调用都不能嵌套

D. 函数的定义和调用都可以嵌套

7. 以下叙述中,错误的是(　　)。

A. 函数未被调用时,系统将不为形参分配内存单元

B. 实参与形参的个数应相等,且类型相同或赋值兼容

C. 实参可以是常量、变量或表达式

D. 形参可以是常量、变量或表达式

8. 以下叙述中,不正确的是(　　)。

A. 在同一 C/C++ 程序文件中,不同函数中可以使用同名变量

B. 在 main()函数体内定义的变量是全局变量

C. 形参是局部变量,函数调用完成即失去意义

D. 若同一文件中全局变量和局部变量同名,则全局变量在局部变量的作用范围内不起作用

9. 下列程序的运行结果是（   ）。

```
#include<bits/stdc++.h>
using namespace std;

int func(int a, int b)
{
    return a +b;
}
int main()
{
    int x =2, y =5, z =8, r;
    r =func(func(x, y), z);
    printf("%d\n", r);
    return 0;
}
```

    A. 12   B. 13   C. 14   D. 15

10. 下列程序的运行结果是（   ）。

```
#include<bits/stdc++.h>
using namespace std;

int fun(int x, int y);
int main()
{
    int k, j =1, m =1;
    k =fun(j, m);
    printf("%d", k);
    k =fun(j, m);
    printf("%d\n", k);
    return 0;
}
int fun(int x, int y)
{
    static int m =0, i =2;
    i +=m +1;
    m =i +x +y;
    return m;
}
```

    A. 55   B. 511   C. 1111   D. 11,5

11. 下列程序的运行结果是（   ）。

```
#include<bits/stdc++.h>
using namespace std;
int fun(int x)
{
    if(x ==0 || x ==1) return 3;
    return x * x -fun(x -2);
}
```

```
int main()
{
    printf("%d\n", fun(3));
    return 0;
}
```

  A. 0   B. 9   C. 6   D. 8

12. 下列程序的运行结果是(　　)。

```
#include<bits/stdc++.h>
using namespace std;

int jumpFloor(int n)
{
    cout <<n <<"#";
    if(n ==1 || n ==2) return n;
    return jumpFloor(n -1) +jumpFloor(n -2);
}
int main()
{
    cout <<jumpFloor(4) <<endl;
    return 0;
}
```

  A. 4#3#2#2#4   B. 4#3#2#2#1#5

  C. 4#3#2#1#2#4   D. 4#3#2#1#2#5

二、程序设计题

1. 某公司1999年年产量为11.5万件,生产能力每年提高9.8%,求出产量能超过x万件的年份,结果由函数year()返回。

输入样例:

20

输出样例:

2005

2. 找亲密数对(TK23204)。有两个数A、B,若A的真因子之和等于B,B的真因子之和等于A,则称A和B为亲密数对。现给出(m, n)区间范围,请找出该区间内的所有亲密数对。如果在该区间内找不到亲密数对,则输出"No"。

输入一行:整数m、n (0<m<n<10000)。

输出若干行:每一行为一组亲密数对。交换位置算一个重复数对,只输出一个。

输入样例:

1 1000

输出样例:

220 284

3. 素数回文数的个数(信息学奥赛一本通1408)。求11~n(包括n)既是素数又是回文数的整数有多少个。

输入一个大于 11 小于 1000 的整数 n。输出 11～n 的素数回文数个数。

输入样例：

```
23
```

输出样例：

```
1
```

4. 自幂数判断（洛谷 B3841）。自幂数是指，一个 N 位数，满足各位数字 N 次方之和是本身。例如，153 是 3 位数，其每位数的 3 次方之和，$1^3+5^3+3^3=153$，因此 153 是自幂数；1634 是 4 位数，其每位数的 4 次方之和，$1^4+6^4+3^4+4^4=1634$，因此 1634 是自幂数。现在，输入若干正整数，请判断它们是否是自幂数。

输入第一行是一个正整数 M，表示有 M 个待判断的正整数。约定 $1 \leqslant M \leqslant 100$。

从第 2 行开始的 M 行，每行一个待判断的正整数。约定这些正整数均小于 10^8。

输出 M 行，如果对应的待判断正整数为自幂数，则输出英文大写字母 T，否则输出英文大写字母 F。

提示： 不需要等到所有输入结束再依次输出，可以输入一个数就判断一个数并输出，再输入下一个数。

输入样例：

```
3
152
111
153
```

输出样例：

```
F
F
T
```

5. Hermite 多项式（信息学奥赛一本通 1165）。用递归的方法求 Hermite 多项式的值：

$$h_n(x) = \begin{cases} 1 & ,n=0 \\ 2x & ,n=1 \\ 2x\,h_{n-1}(x)-2(n-1)h_{n-2}(x) & ,n>1 \end{cases}$$

输入给定的正整数 n 和 x，输出多项式的值。

输入样例：

```
1 2
```

输出样例：

```
4.00
```

6. 奇因子之和（PAT2024 跨年-7）。给定 N 个正整数，请求出它们的第二大奇因子的和。当然，如果该数只有一个奇因子，就用它唯一的那个奇因子去求和。

输入第一行给出一个正整数 N（N≤1000）。随后一行给出 N 个不超过 10^6 的正整数。

在一行中输出所有给定整数的第二大奇因子之和。
输入样例：
```
5
147 12 35 78 4
```
输出样例：
```
71
```

第7章 数　组

我们使用过的数据类型有整型、实型和字符型,它们都属于基本数据类型。除此之外,C/C++语言还提供了一些更为复杂的数据类型,这些数据类型称为构造类型或导出类型,它们是由基本类型按一定的规则组合而成的。

数组(array)是程序设计中经常使用的一种数据结构,它是最基本的构造类型,是一组相同类型数据的有序集合。它有两个显著的特征:

- 数组是有序的:必须能把数组中的每个数组元素按顺序排列。
- 数组是同质的:一个数组中的每个数组元素的类型必须相同。

数组的分类:

- 按维数,数组可分为一维数组和多维数组。
- 按数组元素的类型,数组可分为数值数组、字符数组、指针数组、结构数组等。

7.1　实例导入

【例7.1】 读入5个整数,找出其中的最小值,并且把最小值与第一个整数交换。

输入样例:

```
10 9 20 7 8
```

输出样例:

```
7 9 20 10 8
```

【分析】

这道题不仅要找出最小值,还要知道这个最小值所在的位置,这样才能实现最小值与第一个整数交换。

要记录输入的5个整数,就要采用一维数组x,第1个输入的数据放入数组下标为0的位置,第2个输入的数据放入数组下标为1的位置……以此类推。算法设计如下:

```
Step1  输入 5 个整数,放入数组 x 中。
Step2  假设第 1 个数组元素是最小值,用 k 记录最小值所在的下标,此时 k = 0。
Step3  然后循环。从第 2 个数组元素开始与最小值 x[k] 比较,如果这个数比 x[k] 还小,那么就
       更新记录最小值所在下标的 k。
Step4  如果最小值所在的下标 k 不等于 0,那么交换;否则不用交换。
Step5  输出结果。
```

```cpp
#include<bits/stdc++.h>
using namespace std;

const int M =5;
int x[M];

int main()
{
    int k, t;

    for(int i =0; i <M; i ++)            //逐个输入数组元素
        scanf("%d", &x[i]);

    //找最小值所在的下标,用变量 k 记录。先假设第 1 个元素是最小值,即令 k=0
    k =0;
    for(int j =1; j <M; j ++)
        if(x[k] >x[j])
            k =j;

    //如果最小值所在的下标不等于 0,那么交换
    if(k !=0)
    {
        t =x[0];
        x[0] =x[k];
        x[k] =t;
    }

    for(int i =0; i <M; i ++)            //逐个输出数组元素
        printf("%d ", x[i]);
    printf("\n");

    return 0;
}
```

请注意:第 5 行代码中的声明语句 int x[M],将变量 x 声明为由 M 个整数构成的数组。在 C/C++语言中,数组下标总是从 0 开始,因此该数组的 5 个元素分别为 x[0]、x[1]、x[2]、x[3]和 x[4]。

7.2　一 维 数 组

只有一个下标变量的数组称为一维数组。本节我们讨论一维数值数组。

7.2.1　一维数组的定义

定义一个数组,需要明确数组名、数组元素的类型和数组的大小。一维数组定义的一般形式如下:

类型说明符 数组名[常量表达式];

例如:

```
       int a[5];
```

声明了一个名为 a 且拥有 5 个数组元素的数组,每个数组元素的类型都是整型。数组中的每一个数组元素都由对应的一个称为下标的数值确定。在 C/C++ 语言中,数组的下标从 0 开始到比数组长度小 1 的数为止,因此,这个数组的 5 个数组元素如下:a[0]、a[1]、a[2]、a[3] 和 a[4]。

使用说明:

(1) 在定义数组时,如果编译器的版本低,不能在方括号中用变量来指定数组的大小,但是可以用符号常量或常量表达式。

例如,下面这样定义数组是错误的:

```
       int n;
       scanf("%d", &n);
       int a[n];
```

下面这样定义数组也是错误的:

```
       int i =15;
       int data[i];
```

而下面这样定义数组是合法的:

```
       #define FD 5
       int a[3 +2], b[7 +FD];
```

在大多数情况下,应该用符号常量来指定数组的大小,这有利于程序员将来修改数组的大小。

(2) 数组名的命名规则符合标识符的命名规则,数组名不能与同一函数中的其他变量名相同。例如,下面这样定义数组是错误的:

```
       int a;
       double a[10];
```

7.2.2 一维数组元素的引用

数组元素的引用与数组的定义在形式上有些相似,但这两者具有完全不同的含义。

数组元素的引用要指定下标,形式如下:

数组名[下标]

其中,下标可以是任何整型表达式,包括整型变量以及整型常量。

例如:

```
       int a[10], b[5];
       int i =1, j =2;
```

那么 a[5]、a[i + j]、a[i ++]均是合法的数组元素。

```
a[1] = a[2] +b[1] +5;
a[i] =b[i];
b[i +1] =a[i +2];
```

均是合法的语句。

只能逐个引用数组元素,不能一次引用整个数组,例如:

```
int a[10];
scanf("%d", a);        (×)
printf("%d ", a);      (×)
```

修改为

```
for(int i =0; i <10; i ++)      //输入
    scanf("%d", &a[i]);         (√)
for(int i =0; i <10; i ++)      //输出
    printf("%d ", a[i]);        (√)
```

请注意:C/C++语言对数组的引用不检查数组边界,即当引用时下标越界(下标小于0或大于上界),C/C++语言编译系统不报错,但是会把数据写到其他变量所占的存储单元中,甚至写入程序代码段,使得程序运行中断或输出错误的结果。

7.2.3 一维数组的初始化

数组的初始化是指在数组声明时给数组元素赋初值。数组的初始化是在编译阶段进行的,这样会减少运行时间,提高效率。

(1) 给部分数组元素赋初值,未赋初值的数组元素值为0,例如:

```
int a[5] ={6, 2, 3};
```

等价于

```
a[0] =6; a[1] =2; a[2] =3; a[3] =0; a[4] =0;
```

(2) 给全部数组元素赋初值,例如:

```
int a[5] ={1, 2, 3, 4, 5};
```

等价于

```
a[0] =1; a[1] =2; a[2] =3; a[3] =4; a[4] =5;
```

但当{ }中值的个数多于数组元素个数时,程序出错,例如:"int a[3] = {6, 2, 3, 5, 1};"。

如果想使一个数组中全部数组元素的值为0,可以写成

```
int a[5] ={0, 0, 0, 0, 0};
```

或:

```
int a[5] = {0};
```

但不能写成

```
int a[5] = {0 * 5};
```

在对全部数组元素赋初值时,可以不指定数组长度,例如:

```
int a[] = {1, 2, 3, 4, 5};
```

在不进行初始化的情况下,外部数组和静态数组的数组元素都将被初始化为 0,而内部数组的数组元素的初值则没有定义。

7.2.4 一维数组的应用举例

【例 7.2】 查找特定的值(信息学奥赛一本通 1110)。在一个序列(下标从 1 开始)中查找一个给定的值,输出第一次出现的位置。

输入:第一行包含一个正整数 n(1≤n≤10000),表示序列中元素个数;第二行包含 n 个整数,依次给出序列的每个元素,相邻两个整数之间用单个空格隔开,元素的绝对值不超过 10000;第三行包含一个整数 x,为需要查找的特定值,x 的绝对值不超过 10000。

输出:若序列中存在 x,输出 x 第一次出现的下标;否则输出-1。

输入样例:

```
5
2 3 6 7 3
3
```

输出样例:

```
2
```

```cpp
#include<bits/stdc++.h>
using namespace std;

const int N = 10010;
int a[N];

int main()
{
    int n, x;
    cin >> n;
    for(int i = 1; i <= n; i ++) cin >> a[i];
    cin >> x;
    for(int i = 1; i <= n; i ++)
        if(x == a[i])
        {
            cout << i << endl;
            return 0;
```

```
        }
    cout <<-1<<endl;
    return 0;
}
```

【例 7.3】 白细胞计数(信息学奥赛一本通 1114)。医院采样了某临床病例治疗期间的白细胞数量样本 n 份,用于分析某种新抗生素对该病例的治疗效果。为了降低分析误差,要先从这 n 份样本中去除一个数值最大的样本和一个数值最小的样本,然后将剩余 n−2 个有效样本的平均值作为分析指标。同时,为了观察该抗生素的疗效是否稳定,还要给出该平均值的误差,即所有有效样本(即不包括已扣除的两个样本)与该平均值之差的绝对值的最大值。现在请编写程序,根据提供的 n 个样本值,计算出该病例的平均白细胞数量和对应的误差。

例 7.3

输入的第一行是一个正整数 n(2<n≤300),表明共有 n 个样本。

以下共有 n 行,每行为一个浮点数,为对应的白细胞数量,其单位为 $10^9/L$。数与数之间以一个空格分开。

输出为两个浮点数,中间以一个空格分开,分别为平均白细胞数量和对应的误差,单位也是 $10^9/L$。计算结果需保留到小数点后 2 位。

输入样例:

```
5
12.0
13.0
11.0
9.0
10.0
```

输出样例:

```
11.00 1.00
```

【分析】 第 1 步:找出最大值、最小值所在的下标。第 2 步:根据题意去除最大值、最小值,再求平均值。第 3 步:求有效样本与平均值的误差。

```
#include<bits/stdc++.h>
using namespace std;

const int N =310;
double a[N];

int main()
{
    int n, k1, k2;
    double sum, ave, maxv;
    cin >>n >>a[0];
    sum =a[0];
    k1 = k2 = 0;
    for(int i =1; i <n; i ++)
```

```
    {
        cin >>a[i];
        sum +=a[i];
        if(a[k1] <a[i]) k1 =i;        //最大
        if(a[k2] >a[i]) k2 =i;        //最小
    }
    ave = (sum -a[k1] -a[k2]) / (n -2);
    maxv =0;
    for(int i =0; i <n; i ++)
        if(i !=k1 && i !=k2)
            maxv =max(maxv, fabs(a[i] -ave));
    printf("%.2f %.2f\n", ave, maxv);

    return 0;
}
```

【例 7.4】 直方图(信息学奥赛一本通 1115)。给定一个非负整数数组,统计里面每一个数的出现次数。我们只统计到数组里最大的数。假设 Fmax(Fmax<10000)是数组里最大的数,那么我们只统计{0,1,2,…,Fmax}里每个数出现的次数。

输入:第一行 n(1≤n≤10000)是数组的大小;紧接着一行是数组的 n 个元素。

按顺序输出每个数的出现次数,一行一个数。如果没有出现过,则输出 0。

输入样例:

```
5
1 1 2 3 1
```

输出样例:

```
0
3
1
1
```

```cpp
#include<bits/stdc++.h>
using namespace std;

const int N =100010;
int a[N];

int main()
{
    int n, x, maxv =-1;
    cin >>n;
    for(int i =0; i <n; i ++)
    {
        cin >>x;
        maxv =max(maxv, x);
        a[x] ++;              //统计 x 出现的次数
    }
    for(int i =0; i <=maxv; i ++)
```

```
            cout <<a[i] <<endl;
    return 0;
}
```

【例7.5】 开关灯(信息学奥赛一本通1109)。假设有 N(N 为不大于 5000 的正整数)盏灯,从 1 到 N 按顺序依次编号,初始时全部处于打开状态;有 M(M 为不大于 N 的正整数)个人也从 1 到 M 依次编号。

例 7.5

第一个人(1 号)将灯全部关闭,第二个人(2 号)将编号为 2 的倍数的灯打开,第三个人(3 号)将编号为 3 的倍数的灯做相反处理(即将打开的灯关闭,将关闭的灯打开)。依照编号递增顺序,以后的人都和 3 号一样,将凡是自己编号倍数的灯做相反处理。

当第 M 个人操作之后,哪几盏灯是关闭的?按从小到大输出其编号,其间用逗号间隔。输入正整数 N 和 M,以单个空格隔开。顺次输出关闭的灯的编号,其间用逗号间隔。

输入样例:

```
10 10
```

输出样例:

```
1,4,9
```

【分析】 0 表示灯关闭,1 表示灯打开。外部整型数组的初值为 0,第 1 个人将灯全部关闭,也就是数组的值为 0,所以可以从第 2 个人开始操作。

```
#include<bits/stdc++.h>
using namespace std;

const int N =5010;
int a[N];                              //0表示灯关闭,1表示灯打开

int main()
{
    int n, m;
    cin >>n >>m;
    for(int i =2; i <=m; i ++)         //人
    {
        for(int j =i; j <=n; j +=i)    //灯
            a[j] =!a[j];               //做相反处理
    }
    int cnt =0;
    for(int i =1; i <=n; i ++)         //灯
        if(a[i] ==0)                   //为 0 就是关闭的灯
        {
            cnt ++;
            if(cnt !=1) printf(",");
            printf("%d", i);
        }
    printf("\n");
```

```
        return 0;
}
```

【例 7.6】 反序输出(信息学奥赛一本通 2034)。输入 n 个数,要求程序按输入时的逆序把这 n 个数打印出来,已知整数不超过 100 个。也就是说,按输入相反顺序打印这 n 个数。

输入一行:共有 n 个数,每个数之间用一个空格隔开。
输出一行:共有 n 个数,每个数之间用一个空格隔开。

输入样例:

```
1 7 3 4 5
```

输出样例:

```
5 4 3 7 1
```

【第 1 种方法】直接倒置输出

```
#include<bits/stdc++.h>
using namespace std;

const int N =110;
int a[N];

int main()
{
    int n =0;
    while(cin >>a[n]) n ++;
    for(int i =n -1; i >=0; i --)
        cout <<a[i] <<" ";
    cout <<endl;

    return 0;
}
```

【第 2 种方法】采用一个与数组 a 大小相同的数组 b,然后

```
b[n -1] =a[0]
b[n -2] =a[1]
    ⋮
b[1] =a[n -2]
b[0] =a[n -1]
```

即 b[n − 1 − i] = a[i],就可以实现数组 a 的倒置。数组 b 是数组 a 倒置的结果。

```
#include<bits/stdc++.h>
using namespace std;

const int N =110;
int a[N], b[N];

int main()
```

```
{
    int n = 0;
    while(cin >>a[n]) n ++;

    for(int i = 0; i <n; i ++)          //倒置处理
        b[n - 1 - i] = a[i];

    for(int i = 0; i <n; i ++)          //逐个输出数组 b 的数组元素
        cout <<b[i] <<" ";
    cout <<endl;

    return 0;
}
```

【第 3 种方法】就地倒置。把数组 a 的前后数组元素进行交换，也就是

```
a[0]与 a[n - 1]交换
a[1]与 a[n - 2]交换
  ⋮
```

即 a[i] 与 a[n － 1 － i]交换，一直交换到中间数组元素为止，就可以实现数组 a 的倒置。

```
#include<bits/stdc++.h>
using namespace std;

const int N =110;
int a[N];

int main()
{
    int n = 0;
    while(cin >>a[n]) n ++;

    for(int i =0; i <n / 2; i ++)        //倒置处理
        swap(a[i], a[n -1 -i]);

    for(int i =0; i <n; i ++)            //逐个输出数组 b 的数组元素
        cout <<a[i] <<" ";
    cout <<endl;

    return 0;
}
```

7.3 二维数组

　　C/C++ 语言支持多维数组，即二维及二维以上的数组。最常见的多维数组是二维数组，它主要用于表示二维表和矩阵。三维及三维以上的多维数组在 C/C++ 语言中虽然是合法的，但是很少出现。

　　操作多维数组常常要用到多重循环，一般每一重循环控制一维下标。用时要注意下标

的位置和取值范围。

本节我们讨论二维数值数组。

7.3.1 二维数组的定义

二维数组定义的一般形式如下：

> 类型说明符 数组名[常量表达式 1][常量表达式 2];

例如，int a[3][4]声明了一个名为 a 且拥有 12 个数组元素的二维数组，每个数组元素的类型为整型。也可以把数组 a 看作一个一维数组，它有 3 个数组元素，即 a[0]、a[1]、a[2]，这 3 个数组元素又是一个包含 4 个数组元素的一维数组，如表 7-1 所示。

表 7-1 把数组 a 看作一个一维数组

a[0]	a[0][0]	a[0][1]	a[0][2]	a[0][3]
a[1]	a[1][0]	a[1][1]	a[1][2]	a[1][3]
a[2]	a[2][0]	a[2][1]	a[2][2]	a[2][3]

7.3.2 二维数组元素的引用

二维数组元素的引用形式如下：

> 数组名[下标][下标]

其中下标可以是任何整型表达式，包括整型变量以及整型常量。例如，a[2][3]表示数组 a 的第 2 行第 3 列的元素。

数组元素可以出现在表达式中，也可以被赋值，例如：

```
int a[3][4];
a[2][3] = 10;
a[1][2] = 2 * a[2][3];
```

均是合法的语句。

只能逐个引用数组元素，不能一次引用整个数组，例如：

```
int a[3][4];
scanf("%d", a);         (×)
printf("%d ", a);       (×)
```

修改为

```
for(int i = 0; i < 3; i ++)         //输入
    for(int j = 0; j < 4; j ++)
        scanf("%d", &a[i][j]); (√)
for(int i = 0; i < 3; i ++)         //输出
    for(int j = 0; j < 4; j ++)
        printf("%d ", a[i][j]); (√)
```

7.3.3 二维数组的初始化

(1) 二维数组可按行分段赋初值,也可按行连续赋初值。

例如,按行分段赋初值:

```
int [5][3]={{80, 75, 92}, {61, 65, 71}, {59, 63, 70}, {85, 87, 90}, {76, 77, 85}};
```

例如,按行连续赋初值:

```
int a[5][3]={80, 75, 92, 61, 65, 71, 59, 63, 70, 85, 87, 90, 76, 77, 85};
```

这两种赋初值方式的结果完全相同。

(2) 给部分数组元素赋初值,未赋初值的数组元素值为 0。

例如:

```
int a[2][3]={{1}, {3}};
```

即

$$\begin{bmatrix} 1 & 0 & 0 \\ 3 & 0 & 0 \end{bmatrix}$$

例如:

```
int a[3][4]={{1}, {0, 6}, {0, 0, 11}};
```

即

$$\begin{bmatrix} 1 & 0 & 0 & 0 \\ 0 & 6 & 0 & 0 \\ 0 & 0 & 11 & 0 \end{bmatrix}$$

(3) 给全部数组元素赋初值,那么第一维的长度可以不给出。

例如:

```
int a[][3]={1, 2, 3, 4, 5, 6, 7, 8, 9};
```

即

$$\begin{bmatrix} 1 & 2 & 3 \\ 4 & 5 & 6 \\ 7 & 8 & 9 \end{bmatrix}$$

例如:

```
int a[][4]={{0, 0, 3}, {}, {0, 10}}
```

即

$$\begin{bmatrix} 0 & 0 & 3 & 0 \\ 0 & 0 & 0 & 0 \\ 0 & 10 & 0 & 0 \end{bmatrix}$$

7.3.4 二维数组的应用举例

【**例 7.7**】 Tangent 的简单矩阵(信友队 3693)。Tangent 有一个 n×m 大小的矩阵,她想知道矩阵每一行的数值总和是多少,并且希望能够找出最大的总和所在的行号。请你用程序帮帮她。

输入的第一行有两个数字 n、m,表示矩阵的大小。接下来的 n 行,每行将会给出 m 个数字。

输出包括 n+1 行。前 n 行输出矩阵前 n 行的数值和(i 从 1 开始)。第 n+1 行输出前 n 行中最大总和所在的行号,总和相同时应输出较小的行号。

输入样例:
```
4 5
-1 0 1 2 3
1 2 3 4 5
5 4 3 2 1
0 0 2 3 -2
```

输出样例:
```
5
15
15
3
2
```

【**分析**】第 1 步:对于 n 行、m 列的二维数组,先求出每行的总和,放在第 m+1 列。第 2 步,求每行总和的最大值,最后输出总和最大值所在的行号。

```cpp
#include<bits/stdc++.h>
using namespace std;

const int N =110;
int a[N][N];

int main()
{
    int n, m;
    cin >>n >>m;
    for(int i =1; i <=n; i ++)
    {
        int s =0;
        for(int j =1; j <=m; j ++)
        {
            cin >>a[i][j];
            s +=a[i][j];
        }
        a[i][m +1] =s;
    }
    int k =1;          //假设第 1 行的数组总和最大,用 k 记录所在的行号
```

```
        for(int i =2; i <=n; i ++)
            if(a[k][m +1] <a[i][m +1])
                k =i;
        for(int i =1; i <=n; i ++)
            cout <<a[i][m +1] <<endl;
        cout <<k <<endl;

        return 0;
    }
```

【例 7.8】 矩阵转置(信息学奥赛一本通 1126)。输入一个 n 行、m 列的矩阵 A,输出它的转置 A^T。

输入第一行包含两个整数 n(1≤n≤100)和 m(1≤m≤100),表示矩阵 A 的行数和列数。接下来的 n 行,每行有 m 个整数,表示矩阵 A 的元素。相邻两个整数之间用单个空格隔开,每个元素均在 1~1000。

输出 m 行,每行有 n 个整数,为矩阵 A 的转置。相邻两个整数之间用单个空格隔开。

输入样例:

```
3 3
1 2 3
4 5 6
7 8 9
```

输出样例:

```
1 4 7
2 5 8
3 6 9
```

```
#include<bits/stdc++.h>
using namespace std;

const int N =110;
int a[N][N], b[N][N];

int main()
{
    int n, m;
    cin >>n >>m;
    for(int i =0; i <n; i ++)
        for(int j =0; j <m; j ++)
            cin >>a[i][j];

    for(int i =0; i <n; i ++)          //转置处理
        for(int j =0; j <m; j ++)
            b[j][i] =a[i][j];

    for(int i =0; i <m; i ++)
    {
        cout <<b[i][0];
```

```
            for(int j =1; j <n; j ++)
                cout <<" " <<b[i][j];
            cout <<endl;
        }

        return 0;
    }
```

【例 7.9】 矩阵相乘(信息学奥赛一本通 1125)。计算两个矩阵的乘积。n×m 阶的矩阵 A 乘以 m×k 阶的矩阵 B 得到的矩阵 C。

第一行为 n、m、k，表示矩阵 A 是 n 行、m 列，矩阵 B 是 m 行、k 列，n、m、k 均小于 100。然后先后输入 A 和 B 两个矩阵，矩阵中每个元素的绝对值不会大于 1000。

输出矩阵 C，一共 n 行，每行 k 个整数，整数之间以一个空格分开。

输入样例：

```
3 2 3
1 1
1 1
1 1
1 1 1
1 1 1
```

输出样例：

```
2 2 2
2 2 2
2 2 2
```

【分析】

矩阵可以用二维数组来表示。根据两个矩阵能相乘的条件，设矩阵 A 有 n×m 个元素，矩阵 B 有 m×k 个元素，则矩阵 C＝A×B 有 n×k 个元素。矩阵 C 中的任一元素：

$$c[i][j] = \sum_{w=1}^{m}(a[i][w] \times b[w][j])$$

```
#include<bits/stdc++.h>
using namespace std;

const int N =110;
int a[N][N], b[N][N], c[N][N];

int main()
{
    int n, m, k;
    cin >>n >>m >>k;
    for(int i =1; i <=n; i ++)
        for(int j =1; j <=m; j ++)
            cin >>a[i][j];
    for(int i =1; i <=m; i ++)
        for(int j =1; j <=k; j ++)
            cin >>b[i][j];
```

```
        for(int w =1; w <=m; w ++)                    //矩阵相乘
            for(int i =1; i <=n; i ++)
                for(int j =1; j <=k; j ++)
                    c[i][j] +=a[i][w] * b[w][j];

        for(int i =1; i <=n; i ++)
        {
            for(int j =1; j<=k; j ++)
                cout <<c[i][j] <<" ";
            cout <<endl;
        }

        return 0;
    }
```

7.4 数组与函数

可以把数组作为函数的参数。

数组作为函数形参时,通常把数组的长度也作为形参。数组作为函数实参时,是把实参数组的首地址值传递给形参数组,这样两个数组就共占同一段存储单元。

主调函数与被调函数分别定义为数组,且类型应一致。形参数组大小的第一维可不指定。形参数组名是地址变量,实参数组名是地址常量。

【例 7.10】 写出下列程序的运行结果。设程序运行时输入

0 10 2 7

```
    #include<bits/stdc++.h>
    using namespace std;

    void fun(int v[]);
    int main()
    {
        int a[4];
        for(int i =0; i <4; i ++) scanf("%d", &a[i]);
        fun(a);
        for(int i =0; i <4; i ++)
            printf("%d ", a[i]);
        printf("\n");

        return 0;
    }
    void fun(int v[])
    {
        int t;
        for(int i =1; i <4; i ++)
            for(int j =i -1; j >=0 && v[j] <v[j +1]; j --)
```

```
            {
                t = v[j];
                v[j] = v[j + 1];
                v[j + 1] = t;
            }
    }
```

运行结果：

```
10 7 2 0
```

【运行结果分析】fun()函数的功能是进行降序排序。

传递数组参数其实就是传递了数组在内存中的首地址,数组元素没有被复制,这对保护内存空间非常有意义。然而,如果函数偶然地修改了数组,则使用数组参数可能导致错误。为了避免这个错误,可以把 const 关键字放在数组参数之前,以此告诉编译器这个数组不能被修改,例如：void output(const int a[][N], int n)。

【例 7.11】 杨辉三角(洛谷 P5732)。给出 n(n≤20),输出杨辉三角的前 n 行。

例 7.11

输入样例：

```
6
```

输出样例：

```
1
1 1
1 2 1
1 3 3 1
1 4 6 4 1
1 5 10 10 5 1
```

【分析】杨辉三角最本质的特征是,它的斜边都是由数字 1 组成的,它的第 1 列也都是由数字 1 组成的,而其余的数则等于它肩上的两个数之和。

```
#include<bits/stdc++.h>
using namespace std;

const int N = 25;
int a[N][N];
void yangHui(int a[][N], int n);          //函数声明
void output(int a[][N], int n);           //函数声明

int main()
{
    int n;
    scanf("%d", &n);                      //输入
    yangHui(a, n);                        //函数调用。生成杨辉三角
    output(a, n);                         //函数调用。输出杨辉三角

    return 0;
}
void yangHui(int a[][N], int n)           //函数定义
```

```
{
    for(int i =1; i <=n; i ++)
        for(int j =1; j <=i; j ++)
        {
            if(j ==1 || j ==i)
                a[i][j] =1;
            else
                a[i][j] =a[i -1][j -1] +a[i -1][j];
        }
}
void output(int a[][N], int n)                          //函数定义
{
    for(int i =1; i <=n; i ++)
    {
        for(int j =1; j <=i; j ++)
            printf("%d ", a[i][j]);
        printf("\n");
    }
}
```

请注意：上题的实参是数组。实参是表达式,而数组元素可以是表达式的组成部分,因此数组元素也可以作为函数的实参。数组元素作为函数实参,与用普通变量作为实参完全一样。

7.5 查 找

查找就是在数组中寻找一个指定元素的过程。查找是计算机程序设计中的一种任务,对于这个问题,人们已经研究了很多算法和数据结构。本节主要介绍顺序查找和折半查找。

7.5.1 顺序查找

顺序查找方法将关键字 key 顺序地与数组中每个元素进行比较,这个过程会一直持续下去,直到关键字与某个数组元素匹配,就返回相匹配的数组元素下标;或者所有数组元素都已比较完毕,还未找到与关键字匹配的数组元素,就返回 -1 。

```
int seqSearch(int x[], int n, int key)
{
    for(int i =0; i <n; i ++)
        if(key ==x[i])
            return i;
    return -1;
}
```

顺序查找的运行时间随着数组元素数目的增长而线性增长,所以对于大数组,它的效率不高。

7.5.2 折半查找

折半查找又称为二分查找,它要求待查找的数组必须是有序的。

假设待查找的数组的数组元素是升序排列,折半查找的算法思想:首先,将数组中间位置的数组元素与查找数比较,如果两者相等,则查找成功;否则利用中间位置数组元素将数组分成前、后两个子数组,如果查找数大于中间位置数组元素,则进一步查找后一子数组,否则进一步查找前一子数组。

```
int binSearch(int x[], int n, int key)
{
    int low, high, mid;
    low = 0, high = n - 1;
    while(low <= high)
    {
        mid = (low + high) / 2;
        if(key < x[mid])              //进一步查找前一子数组
            high = mid - 1;
        else if(key > x[mid])         //进一步查找后一子数组
            low = mid + 1;
        else                          //找到了匹配的值,就返回所在的下标
            return mid;
    }
    return -1;                        //没有匹配的值,就返回-1
}
```

7.6 排　　序

排序,即重新排列数组的元素,使它们按某一事先确定的顺序存储的过程,如果数据量大,对信息进行排序的算法是至关重要的。我们主要介绍选择排序和冒泡排序。

7.6.1节

7.6.1 选择排序

假设排序结果为升序,选择排序的算法步骤如下:

> Step 1　在未排序的 n 个数(a[1]~a[n])中找最小数所对应的下标 k。如果 k≠1,将 a[k]与 a[1]交换。
> Step 2　在剩下未排序的 n-1 个数(a[2]~a[n])中找最小数所对应的下标 k。如果 k≠2,将 a[k]与 a[2]交换。
> ……
> Step 3　在剩下未排序的两个数(a[n-1]和a[n])中找最小数所对应的下标 k。如果 k≠n-1,将 a[k]与 a[n-1]交换。

```
void selectSort(int a[], int n)
{
    int k;
    for(int i = 1; i < n; i ++)          //控制趟数
    {
        k = i;
        for(int j = i + 1; j <= n; j ++)
            if(a[k] > a[j])
                k = j;
```

```
            if(k !=i) swap(a[k], a[i]);
    }
}
```

假设,数组 a 的长度为 5,其数组元素是 10、3、17、19 和 1,对它进行选择排序(结果升序),则数组元素值的变化如表 7-2 所示。

表 7-2 数组元素值的变化

i	k	a[1]	a[2]	a[3]	a[4]	a[5]	说 明
		10	3	17	19	1	
1	5	1	3	17	19	10	第 1 趟:a[1]与 a[5]交换
2	2	1	3	17	19	10	第 2 趟:不交换
3	5	1	3	10	19	17	第 3 趟:a[3]与 a[5]交换
4	5	1	3	10	17	19	第 4 趟:a[4]与 a[5]交换

7.6.2 冒泡排序

冒泡排序的算法思想:反复扫描待排序的数组,在扫描的过程中顺次比较相邻的两个元素的大小,若逆序就交换位置。

7.6.2 节

假设排序结果为升序,冒泡排序的算法步骤如下:

> Step 1 在未排序的 n 个数(a[1]~a[n])中,如果相邻的两个数组元素 a[j]>a[j+1] (j∈[1,n-1]),则 a[j]与 a[j+1]交换。
> Step 2 在剩下未排序的 n-1 个数(a[1]~a[n-1])中,如果相邻的两个数组元素 a[j]>a[j+1] (j∈[1,n-2]),则 a[j]与 a[j+1]交换。
> ……
> Step 3 在剩下未排序的两个数(a[1]~a[2])中,如果相邻的两个数组元素 a[j]>a[j+1] (j=1),则 a[j]与 a[j+1]交换。

```
void bubbleSort(int a[], int n)
{
    for(int i =1; i <n; i ++) //控制趟数
    {
        for(int j =1; j <=n -i; j ++)
            if(a[j] >a[j +1])
                swap(a[j], a[j +1]);
    }
}
```

假设,数组 a 的长度为 5,其数组元素是 10、3、17、19 和 1,则第 1 趟数组元素值的变化如图 7-1 所示。

每一趟数组元素值的变化如表 7-3 所示。

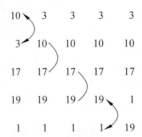

图 7-1 冒泡排序第 1 趟数组元素值的变化

表 7-3 数组元素值的变化

元 素	元素值	第 1 趟	第 2 趟	第 3 趟	第 4 趟
a[1]	10	3	3	3	1
a[2]	3	10	10	1	3
a[3]	17	17	1	10	10
a[4]	19	1	17	17	17
a[5]	1	19	19	19	19

【例 7.12】整数奇偶排序(信息学奥赛一本通 1181)。给定 10 个整数的序列,要求对其重新排序。排序要求:①奇数在前,偶数在后;②奇数按从大到小排序;③偶数按从小到大排序。

输入一行,包含 10 个整数,彼此以一个空格分开,每个整数的范围是大于或等于 0,小于或等于 30000。

按照要求排序后输出一行,包含排序后的 10 个整数,数与数之间以一个空格分开。

输入样例:

4 7 3 13 11 12 0 47 34 98

输出样例:

47 13 11 7 3 0 4 12 34 98

```
#include<bits/stdc++.h>
using namespace std;

void bubbleSort(int a[], int n)
{
    for(int i =1; i <n; i ++)
    {
        for(int j =1; j <=n -i; j ++)
            if(a[j] >a[j +1])
                swap(a[j], a[j +1]);
    }
}
int main()
```

```
{
    int a[11], x;
    int n =10;
    for(int i =1; i <=n; i ++) cin >>a[i];

    bubbleSort(a, n);                    //从小到大排序

    for(int i =n; i >=1; i --)           //奇数在前,从大到小排序
        if(a[i] %2) printf("%d ", a[i]);
    for(int i =1; i <=n; i ++)           //偶数在后,从小到大排序
        if(a[i] %2 ==0) printf("%d ", a[i]);
    puts("");

    return 0;
}
```

7.7 专题 4：素数

如果一个正整数 n 只能被 1 和它本身整除,则这个正整数 n 就是素数(Prime),也称质数。请注意,按照这个定义,整数 1 不是素数,因为它只被 1 整除。

素数近年来被用在密码学上,公钥就是把想要传递的信息在编码时加入素数,编码之后传送给收信人,任何人收到此信息后,若没有此收信人所拥有的密钥,则解密的过程(实为寻找素数的过程)中,将会因为寻找素数(分解质因数)的时间过长而无法解读信息。许多可用的、最好的编码技术都是基于素数的。

7.7.1 判断某个数是否是素数

此种方法是针对某一个给定的正整数 n,判定其是否是素数。可以从素数的定义出发,检查 2~n-1 的每个数,看它是否能整除 n。

7.7.1 节

```
bool is_prime(int n)
{
    if(n <2) return false;
    for(int i =2; i <n; i ++)
        if(n %i ==0)
            return false;
    return true;
}
```

实际上 is_prime()函数不需要检查直到 n 为止的所有约数。例如,它可以在一半的地方就停止,因为任何大于 n/2 的数不可能被 n 整除。再进一步思考,该程序不需要检查任何大于 n 的平方根的约数。理由是：假设 n 能被某一个整数 d1 整除,由整除的定义可知,n/d1 也是一个整数,设为 d2,则 n＝d1×d2。如果其中一个因子大于$\sqrt{n}$,那么另一个因子一定小于$\sqrt{n}$。因此,如果 n 有任何约数,肯定有一个小于或等于它的平方根。所以,可以对上述方法进行改进。

【第 1 种方法】

```
bool is_prime(int n)
{
    if(n < 2) return false;
    for(int i = 2; i <= n / i; i ++)
        if(n % i == 0)
            return false;
    return true;
}
```

【第 2 种方法】

```
bool is_prime(int n)
{
    if(n < 2) return false;
    if(n == 2) return true;
    if(n % 2 == 0) return false;
    int limit = sqrt(n) + 1;
    for(int i = 3; i <= limit; i += 2)
        if(n % i == 0)
            return false;
    return true;
}
```

上述代码中的 limit = sqrt(n) + 1，这里开方后为什么再加 1？这是为了避免一个逻辑错误。

现假设 n 等于 121，它是 11 的平方。当 121 调用 sqrt() 函数时，它返回的值是什么？一方面，如果 sqrt(121) = 10.999999999999，这会导致程序永远不会检查 n 是否可以整除 11，而 11 是 121 唯一的因子，不检查 11 是否为 121 的因子意味着 121 将被错误地分类为素数；另一方面，如果 sqrt(121) = 11.0 或 sqrt(121) = 11.000000000001，函数将会给出正确的答案。因此，这个实现的正确性取决于硬件如何执行浮点数运算。发生这种情况，是因为在计算机这个领域中，浮点数仅仅是近似的，对浮点数判断严格的相等是很危险的。

所以 limit = sqrt(n) + 1，这样这个程序就与机器的精度无关了，只是多检查了一个可能的约数，多测试一个约数没什么坏处，这是确保答案正确所付出的很小代价。

【例 7.13】 判断素数（天梯赛 L1-028）。判断一个给定的正整数是否是素数。输入在第一行给出一个正整数 $N(N \leqslant 10)$，随后的 N 行，每行给出一个小于 2^{31} 的需要判断的正整数。对每个需要判断的正整数，如果它是素数，则在一行中输出"Yes"，否则输出"No"。

输入样例：

```
2
11
111
```

输出样例：

```
Yes
No
```

```
#include<bits/stdc++.h>
using namespace std;

bool is_prime(int n)
{
    if(n <2) return false;
    for(int i =2; i <=n / i; i ++)
        if(n %i ==0)
            return false;
    return true;
}
int main()
{
    int n, x;
    cin >>n;
    for(int i =1; i <=n; i ++)
    {
        cin >>x;
        if(is_prime(x)) puts("Yes");
        else puts("No");
    }
    
    return 0;
}
```

7.7.2 一定范围内所有素数的求解

"筛选法"即"埃拉托色尼（Eratosthenes）筛选法"。埃拉托色尼是古希腊的著名数学家。

7.7.2节

"筛选法"适用于求一定范围内的所有素数。例如，求1～N的全部素数，他采取的方法是，在一张纸上写上1～N的全部整数，然后逐个判断它们是否是素数，找出一个非素数，就把它挖掉，最后剩下的就是素数。它由下列步骤组成：

Step1 用一个数组，数组元素初始值均为0。因为0和1都不是素数，那么"挖掉"1，即a[1]=1，也就是数组元素的值置为1。

Step2 从2开始，只要是素数，就挖掉它的倍数。例如，要找1～50范围内的素数，只需进行到除数为$\sqrt{50}$即可。

Step3 最后，a数组中数组元素的值为"0"的下标，就是所求的N以内的素数了。

```
void prime(int a[], int n)                //一定范围内所有素数的求解
{
    a[1] =1;
    for(int i =2; i <=n / i; i ++)
        if(a[i] ==0)                      //如果i未被之前的数筛去,说明i是素数
        {
            for(int j =i +i; j <=n; j +=i) a[j] =1;    //筛去i的所有倍数
        }
}
```

【例 7.14】 如果两个相差为6的数都是素数，则这一对数被称为六素数。现在给定正

整数 a 和 b(0＜a＜b＜10000000)，求两个数都介于 a～b(包括 a 或者 b)的六素数的总数。

输入样例：

```
1 9999999
```

输出样例：

```
117207
```

```cpp
# include<bits/stdc++.h>
using namespace std;

const int N =10000010;
int x[N];                              //外部数组

void prime(int a[], int n)             //一定范围内所有素数的求解
{
    a[1] =1;
    for(int i =2; i <=n / i; i ++)
        if(a[i] ==0)                   //如果 i 未被之前的数筛去，则说明 i 是素数
        {
            for(int j =i +i; j <=n; j +=i) a[j] =1;    //筛去 i 的所有倍数
        }
}
int main()
{
    prime(x, N);                       //求出[1, N]的所有素数

    int a, b, cnt;
    scanf("%d%d", &a, &b);
    cnt =0;
    for(int i =a; i <=b - 6; i ++)
        if(!x[i] && !x[i +6])
            cnt ++;
    printf("%d\n", cnt);

    return 0;
}
```

练 习 7

一、单项选择题

1. 若有定义语句"int m[] = {5, 4, 3, 2, 1}, i = 4;"，则下面对 m 数组元素的引用中错误的是(   )。

  A. m[-- i]   B. m[2 * 2]   C. m[m[0]]   D. m[m[i]]

2. 数组定义为 int a[11][11]，则数组 a 有(   )个数组元素。

  A. 12   B. 144   C. 100   D. 121

3. 以下对二维数组进行正确初始化的是(   )。

  A. int a[2][3] = {{1, 2}, {3, 4}, {5, 6}};

B. int a[ ][3] = {1, 2, 3, 4, 5, 6};
C. int a[2][ ] = {1, 2, 3, 4, 5, 6};
C. int a[2][ ] = {{1, 2}, {3, 4}};

4. 数组定义为 int a[3][2] = {1, 2, 3, 4, 5, 6}，数组元素(   )的值为6。
   A. a[3][2]   B. a[2][1]   C. a[1][2]   D. a[2][3]

5. 若二维数组 a 有 m 列，则在 a[i][j]之前的元素个数为(   )。
   A. j * m + i   B. i * m + j   C. i * m + j − 1   D. i * m + j + 1

6. 若用数组名作为函数调用时的实参，则实际上传递给形参的是(   )。
   A. 数组首地址值   B. 数组的第一个元素值
   C. 数组中全部元素的值   D. 数组元素的个数

7. 下列程序的运行结果是(   )。

```
#include<bits/stdc++.h>
using namespace std;

int main()
{
    int c[5] ={0};
    int s[12] ={1, 2, 3, 4, 4, 3, 2, 1, 1, 1, 2, 3};

    for(int i =0; i <12; i ++) c[s[i]] ++;
    for(int i =1; i <5; i ++) printf("%d ", c[i]);
    printf("\n");

    return 0;
}
```

   A. 1 2 3 4   B. 2 3 4 4   C. 4 3 3 2   D. 1 1 2 3

8. 下列程序的运行结果是(   )。

```
#include<bits/stdc++.h>
using namespace std;

int main()
{
    int a[] ={2, 3, 5, 4};
    for(int i =0; i <4; i ++)
    {
        switch(i %2)
        {
            case 0:
              switch(a[i] %2)
              {
                case 0: a[i] ++; break;
                case 1: a[i] --;
              }
              break;
            case 1:
```

```
            a[i] = 0;
        }
    }
    for(int i = 0; i < 4; i ++)
        printf("%d ", a[i]);
    printf("\n");

    return 0;
}
```

  A. 3 3 4 4   B. 2 0 5 0   C. 3 0 4 0   D. 0 3 0 4

9. 下列程序的运行结果是(   )。

```
#include<bits/stdc++.h>
using namespace std;

const int N = 4;
void fun(int a[][N], int b[]);

int main()
{
    int x[][N] = {{1, 2, 3}, {4}, {5, 6, 7, 8}, {9, 10}};
    int y[N];

    fun(x, y);
    for(int i = 0; i < N; i ++)
        printf("%d,", y[i]);
    printf("\n");

    return 0;
}
void fun(int a[][N], int b[])
{
    for(int i = 0; i < N; i ++) b[i] = a[i][i];
}
```

  A. 1,2,3,4,   B. 1,0,7,0,   C. 1,4,5,9,   D. 3,4,8,10,

二、程序设计题

1. 不与最大数相同的数字之和(信友队 6344)。输出一个整数数列中不与最大数相同的数字之和。

  输入分为两行：第一行为 N(N 为接下来数的个数，N≤100)；第二行为 N 个整数，数与数之间以一个空格分开，每个整数的范围是 −1000～1000。

  输出为 N 个数中除去最大数其余数字之和。

输入样例：

```
3
1 2 3
```

输出样例：

```
3
```

2. 合并有序数组(信友队 1206)。假设有两个非递增序列 A 与 B,要求将它们合并为一个非递增序列 C。

输入:第一行输入第一个非递增序列,以 -1 结尾;第二行输入第二个非递增序列,以 -1 结尾。约束:每个序列中元素个数最多不超过 100000,所有数字都在带符号的 32 位整数范围内(signed 32-bit integers)。

输出:合并后的非递增序列。

输入样例:

```
8 5 4 -1
7 6 3 1 -1
```

输出样例:

```
8 7 6 5 4 3 1
```

3. 矩阵游戏(信友队 9552)。小明最近沉迷于一个矩阵游戏,游戏规则:给定一个数字矩阵,该矩阵行和列相同,对于第 i 行,你需要将第 i 行的最小值(若出现相同的,则选择列号较小的)和第 i 列的最大值(若出现相同的,则选择行号较小的)交换,然后将第 i 行的数从小到大排序。要求输出最后的矩阵。

输入第 1 行为一个整数 n(不超过 100),表示矩阵的行列数;接下来的 n 行,每行有 n 个整数。输出 n×n 的矩阵。

输入样例:

```
3
1 2 3
5 1 4
2 6 5
```

输出样例:

```
2 3 5
1 4 1
2 5 6
```

4. 螺旋矩阵(PAT 乙级 1050)。本题要求将给定的 N 个正整数按非递增的顺序,填入"螺旋矩阵"。"螺旋矩阵"是指,从左上角第 1 个格子开始,按顺时针螺旋方向填充。要求矩阵的规模为 m 行、n 列,满足条件:m×n 等于 N;m≥n;且 m-n 取所有可能值中的最小值。

输入在第 1 行中给出一个正整数 N,第 2 行给出 N 个待填充的正整数。所有数字不超过 10^4,相邻数字以空格分隔。

输出螺旋矩阵。每行 n 个数字,共 m 行。相邻数字以 1 个空格分隔,行末不得有多余空格。

输入样例:

```
12
37 76 20 98 76 42 53 95 60 81 58 93
```

输出样例:

```
98 95 93
42 37 81
53 20 76
58 60 76
```

5. 绝对素数(TK21641)。绝对素数是指本身是素数,其逆序数也是素数的数。例如:10321 与 12301 是绝对素数。编写一个程序,求出所有 m~n(m≥11,n≤1000000)的绝对素数。

输入两个整数 m 和 n。输出 m~n 的绝对素数,每个数之间用空格隔开,每行输出 10 个。

输入样例:

```
11 300
```

输出样例:

```
11 13 17 31 37 71 73 79 97 101
107 113 131 149 151 157 167 179 181 191
199
```

6. 计算鞍点(信息学奥赛一本通 1122)。给定一个 5×5 的矩阵,每行只有一个最大值,每列只有一个最小值,寻找这个矩阵的鞍点。鞍点指的是矩阵中的一个元素,它是所在行的最大值,并且是所在列的最小值。

输入包含一个 5 行、5 列的矩阵。如果存在鞍点,输出鞍点所在的行、列及其值,如果不存在,则输出"not found"。

输入样例:

```
11 3 5 6 9
12 4 7 8 10
10 5 6 9 11
8 6 4 7 2
15 10 11 20 25
```

输出样例:

```
4 1 8
```

第 8 章 字符串与文件操作

在 C++ 中,有两种类型的字符串表示形式:C 风格的字符串和 C++ 的 string 类。

C 风格的字符串起源于 C 语言,并在 C++ 中继续得到支持,字符串实际上是使用'\0'结束的一维字符数组。C++ 的 string 类包含了对字符串的各种操作,使得对字符串的操作方便快捷。

8.1 字 符 数 组

用来存放字符的数组是字符数组,实质上和数值数组没什么区别,只是字符数组中的每个元素都是一个字符。

8.1.1 字符数组的定义和引用

字符数组的定义类似前面所讲解的一维数值数组和二维数值数组。例如:

```
char a[3], b[4][5];
```

引用字符数组的一个数组元素,得到一个字符,其引用形式与数值数组相同。

8.1.2 字符数组的初始化

1. 用字符赋值

当逐个元素初始化字符数组,且初始化数据少于数组长度时,其余元素为"空"('\0')。例如:

```
char c[10] = {'c', ' ', 'p', 'r', 'o', 'g', 'r', 'a', 'm'};
```

其中,c[9]未赋值,由系统自动赋予空字符"\0"值。"\0"是一个特殊的字符,它的 ASCII 值为 0。

指定初值时,若未指定数组长度,则长度等于初值个数。例如:

```
char c[] = {'I', ' ', 'a', 'm', ' ', 'h', 'a', 'p', 'p', 'y'};
```

等价于

```
char c[10] = {'I', ' ', 'a', 'm', ' ', 'h', 'a', 'p', 'p', 'y'};
```

当初始化数据多于数组长度时,将出错。

2. 用字符串赋值

字符串是指一串字符,C语言中规定字符串常量用双引号括起来,它有一个结束标志"\0"。

在 C 语言中没有专门的字符串变量,通常用一个字符数组来存放一个字符串。字符串就是字符型数组,只是这个数组的最后数组元素是一个字符串结束标志"\0",也就是说字符串是一种以"\0"结尾的字符数组。

例如:

```
char ch[6]={"Hello"};
```

或

```
char ch[6]="Hello";
```

或

```
char ch[]="Hello";
```

ch[0]	ch[1]	ch[2]	ch[3]	ch[4]	ch[5]
H	e	l	l	o	\0
72	101	108	108	111	0

例如:

```
char fruit[][7]={"Apple","Orange","Grape","Pear","Peach"};
```

	0	1	2	3	4	5	6
fruit[0]	A	p	p	l	e	\0	\0
fruit[1]	O	r	a	n	g	e	\0
fruit[2]	G	r	a	p	e	\0	\0
fruit[3]	P	e	a	r	\0	\0	\0
fruit[4]	P	e	a	c	h	\0	\0

有了"\0"标志后,就可用 strlen( )函数而不必再用字符数组的长度来判断字符串的长度了。

字符串在存储时,系统自动在其后加上结束标志"\0",但字符数组并不要求其最后一个元素是"\0"。例如:

```
#include<bits/stdc++.h>
using namespace std;

int main()
{
    char c1[5]={'G', 'o', 'o', 'd', '!'};
```

```
        char c2[] ="Good!";
        printf("%s\n", c1);            //出错
        printf("%s\n", c2);            //正确
    }
```

出错的原因：字符数组 c1 不能当作字符串使用，因为其最后一个元素不是结束标志"\0"。

8.1.3 字符数组的输入与输出

1. 逐个字符形式的输入与输出

```
char str[5];
for(int i =0; i <5; i ++)          //逐个字符的输入
    scanf("%c", &str[i]);          //或 str[i]=getchar();
for(int i =0; i <5; i ++)          //逐个字符的输出
    printf("%c", str[i]);          //或 putchar(str[i]);
```

2. 字符串形式的输入与输出

```
char str[5];
scanf("%s", str);                  //或 cin >>str;
printf("%s\n", str);               //或 puts(str)
```

提示：

(1) 在进行字符串形式的输入与输出时，输入项和输出项均是字符数组名，而不是字符数组元素名。

(2) 用 scanf()函数进行字符串的输入时，遇到回车符结束，但回车符滞留在输入流缓冲区中。当下一次输入用 scanf()函数或 getchar()函数读入一个字符时，则读取缓冲区中的回车符从而导致结果不正确。但若下一次用 scanf()函数读一个数字（或字符串）时，scanf()函数则会跳过空白字符（即空格符、制表符及换行符），可以正常读入。

(3) 用 scanf()函数输入多个字符串时，以空格符作为字符串间的分隔。例如：

```
char str1[5], str2[5], str3[5];
scanf("%s%s%s", str1, str2, str3);
```

输入数据"How are you?"，则 str1、str2、str3 获得的数据如下：

str1	H	o	w	\0	\0
str2	a	r	e	\0	\0
str3	y	o	u	?	\0

(4) 用 printf()函数进行字符串的输出时，遇"\0"结束，输出字符中不包含"\0"。若数组中包含一个以上的"\0"，则遇第一个"\0"时结束。例如：

```
char str[] ="Good!\0boy";
printf("%s\n", str);              //或 puts(str)
```

程序段的运行结果：

```
Good!
```

（5）用 puts()函数进行字符串的输出时，遇"\0"结束，输出字符中不包含"\0"，但是它输出字符串后换行。如果发生错误，则返回 EOF；否则返回一个非负值。

8.1.4 字符数组的应用举例

【例 8.1】 统计单词个数（TK22576）。统计一个英文句子中有多少英文单词（除大小写字母外不会有其他符号）。假设句子中字符数不超过 255 个，单词间用至少一个空格隔开（可以有多个空格），句子头部也可以有多个空格。

输入样例：

```
 This is a  good   book
```

输出样例：

```
5
```

【第 1 种方法】

（1）输入一个字符串存放在 str 字符数组中。初始时，单词标记 flag=0，单词计数器 num=0。

（2）对字符数组的每个元素进行判断。

A. 如果当前字符是空格，那么未出现新单词，设置单词标记 flag=0，单词数不累加。

B. 如果当前字符不是空格并且单词标记 flag=0，那么设置单词标记 flag=1，表明新单词开始，单词数累加。

```
#include<bits/stdc++.h>
using namespace std;

int main()
{
    char str[300];
    int flag, num;

    cin.getline(str, sizeof str);       //或者 cin.getline(str, 300);
    flag =0, num =0;
    for(int i =0; str[i] !='\0'; i ++)
    {
        if(str[i]==' ')
            flag =0;
        else if(flag ==0)
        {
            flag =1;
```

```
            num ++;
        }
    }
    printf("%d\n", num);

    return 0;
}
```

【第 2 种方法】

因为单词之间用空格隔开,所以可以采用 scanf("％s", str) 读字符串,每读一个字符串,就计数,直到文件尾结束。

```
#include<bits/stdc++.h>
using namespace std;

int main()
{
    char str[300];
    int num = 0;
    while(scanf("%s", str) != EOF)          //或者 while(cin >> str)
    {
        num ++;
    }
    printf("%d\n", num);

    return 0;
}
```

【例 8.2】 个位数统计(PAT 乙级 1021)。给定一个 k 位整数,请编写程序统计每种不同的个位数字出现的次数。例如:给定 N=100311,则有 2 个 0、3 个 1 和 1 个 3。

每个输入包含 1 个测试用例,即一个不超过 1000 位的正整数 N。

对 N 中每一种不同的个位数字,以 D:M 的格式在一行中输出该位数字 D 及其在 N 中出现的次数 M。要求按 D 的升序输出。

输入样例:

100311

输出样例:

0:2
1:3
3:1

【分析】

(1) 因为要求统计各个数字字符出现的次数,于是用一个长度为 10 的整型数组 num 来存放,即用 num[0]存放数字字符 0 出现的次数,用 num[1]存放数字字符 1 出现的次数,…,用 num[9]存放数字字符 9 出现的次数。

(2) 逐个枚举每个字符,相应的整型数组的元素加 1。例如,某个字符是'0',则 num[0]加 1。

(3) 存储累加和的变量必须赋初值为 0。

```cpp
#include<bits/stdc++.h>
using namespace std;

int main()
{
    char s[1010];
    int num[10] = {0};              //数组的每个元素赋初值为 0
    cin >> s;
    for(int i = 0; s[i]; i ++)
        num[s[i] - '0'] ++;
    for(int i = 0; i < 10; i ++)
        if(num[i])
            printf("%d:%d\n", i, num[i]);

    return 0;
}
```

【例 8.3】 求平均值(PAT 乙级 1054)。给定 N 个实数,计算它们的平均值。但是有些输入数据可能是非法的。一个"合法"的输入是 [-1000,1000] 区间内的实数,并且最多精确到小数点后 2 位。当你计算平均值的时候,不能把那些非法的数据算在内。

输入第一行给出正整数 N(N≤100)。随后一行给出 N 个实数,数字间以一个空格分隔。

对每个非法输入,在一行中输出 ERROR: X is not a legal number,其中 X 是输入。最后在一行中输出结果:The average of K numbers is Y,其中 K 是合法输入的个数,Y 是它们的平均值,精确到小数点后 2 位。如果平均值无法计算,则用 Undefined 替换 Y。如果 K 为 1,则输出 The average of 1 number is Y。

输入样例 1:

```
7
5 -3.2 aaa 9999 2.3.4 7.123 2.35
```

输出样例 1:

```
ERROR: aaa is not a legal number
ERROR: 9999 is not a legal number
ERROR: 2.3.4 is not a legal number
ERROR: 7.123 is not a legal number
The average of 3 numbers is 1.38
```

输入样例 2:

```
2
aaa -9999
```

输出样例 2:

```
ERROR: aaa is not a legal number
ERROR: -9999 is not a legal number
The average of 0 numbers is Undefined
```

【分析】

直接判断输入数据是否合法比较困难。我们把输入数据读入字符串 a 中,然后用 sscanf()函数从字符串 a 中读入实数赋给 tmp,再用 sprintf()函数把 tmp 输出到字符串 b 中。如果字符串 a 不等于字符串 b,就说明是不合法的。

```cpp
#include<bits/stdc++.h>
using namespace std;

char a[50], b[50];
int main()
{
    int n, cnt;
    double tmp, sum;

    cin >>n;
    sum =cnt =0;
    for(int i =0; i <n; i ++)
    {
        scanf("%s", a);
        sscanf(a, "%lf", &tmp);
        sprintf(b, "%.2f", tmp);

        int flag =0;
        for(int j =0; a[j]; j ++)
            if(a[j] !=b[j]) flag =1;
        if(flag || tmp <-1000 || tmp >1000)
            printf("ERROR: %s is not a legal number\n", a);
        else
            sum +=tmp, cnt ++;
    }
    if(cnt ==1)
        printf("The average of 1 number is %.2f", sum);
    else if(cnt >1)
        printf("The average of %d numbers is %.2f", cnt, sum / cnt);
    else
        printf("The average of 0 numbers is Undefined");

    return 0;
}
```

上面的程序用到了 sscanf()函数,它的原型如下:

int sscanf(const char * s, const char * format, …);

sscanf()函数与 scanf()函数等价,所不同的是,前者的输入字符来源于字符串 s。

上面的程序还用到了 sprintf()函数,它的原型如下:

int sprintf(char * s, const char * format, …);

sprintf()函数与 printf()函数基本相同,但它以一个字符数组作为第一个参数,其输出将被写入字符串 s 中,并以"\0"结束。s 必须足够大,能容纳输出结果。该函数返回实际输出的字符数,不包括"\0"。

8.2　string 类型字符串

C 语言风格的字符数组,不能直接赋值或复制,也有数组越界的风险,为了解决这些问题,C++ 提供了 string 数据类型来处理字符串。

8.2.1　构造一个字符串

构造一个字符串的语句如下:

```
string s = "Hello";
```

string 不是原有的数据类型,它被认为是一个对象类型。当声明一个对象类型的变量时,变量实际上代表一个对象,也就是说实际上是创建了一个对象。string 就是一个预先定义在<string>头文件中的类。

8.2.2　读字符串

一个字符串可以通过使用 cin 对象从键盘读取,这种输入是以一个空白字符结束的。如果字符串中有空格,就用 getline()函数:

```
getline(cin, s, delimitCharacter)
```

delimitCharacter 是终止字符,默认值是"\n"。getline()函数在遇到终止字符时停止读取字符(终止字符被读到了,但是没有存储在 string 里)。

8.2.3　操作字符串的函数

1. 字符串赋值

C++ 提供了若干重载函数,用于赋给字符串新的内容。

- string assign(char s[]):将一个字符数组赋给当前字符串。
- string assign(string s):将一个字符串 s 赋给当前字符串。
- string assign(string s, int index, int n):将 s 中从下标 index 起的 n 个字符赋给当前字符串。
- string assign(string s, int n):将 s 的前 n 个字符赋给当前字符串。
- string assign(int n, char ch):将当前字符串赋值为 ch 的 n 次重复。

2. at()、clear()、erase()和 empty()函数

at(index)函数提取字符串中指定位置的字符;clear()函数清空一个字符串;erase(index,n)函数删除字符串指定的部分;empty()函数检测一个字符串是否为空。

3. length()、size()、capacity()和 c_str()函数

length()、size()和 capacity()函数分别用来获取字符串的长度、大小和分配的存储空间大小;c_str()函数返回一个 C 字符串。

length()是 size()的别名。capacity()函数返回内部缓冲区的大小,该值总是大于或等于实际的字符串大小。

4. 字符串比较

compare()函数用来进行字符串的比较。该函数根据当前字符串大于、等于或小于另一个字符串的不同不情况,分别返回大于 0 的值、等于 0 或小于 0 的值。返回值为整型。

5. 获取子串

可使用 substr()函数获取字符串的一个子串。

- string substr(int index, int n):返回当前字符串从下标 index 开始的 n 个字符组成的子串。
- string substr(int index):返回当前字符串从下标 index 开始的子串。

6. 字符串查找

find()函数可在字符串中查找一个字符或一个子串。如果没有找到,则返回 string::npos,npos 是 string 类定义的一个常量。

- unsigned find(char ch):返回当前字符串中字符 ch 出现的第一个位置。
- unsigned find(char ch, int index):返回当前字符串中从下标 index 开始 ch 出现的第一个位置。
- unsigned find(string s):返回当前字符串中子串 s 出现的第一个位置。
- unsigned find(string s, int index):返回当前字符串中从下标 index 开始 s 出现的第一个位置。

rfind()函数的原型和 find()函数的原型类似,参数情况也类似。只不过 rfind()函数适用于实现逆向查找。

- find_first_of()函数:可实现在源字符串中查找某字符串的功能,该函数的返回值是被查找字符串的第 1 个字符第 1 次出现的下标(位置)。若查找失败,则返回 string::npos。
- find_last_of()函数:同样可实现在源字符串中搜索某字符串的功能。与 find_first_of()函数所不同的是,该函数的返回值是被查找字符串的最后 1 个字符的下标(位置)。若查找失败,则返回 string::npos。
- find_first_not_of()函数:可实现在源字符串中查找与指定字符(串)不相等的第 1 个字符;find_last_not_of()函数可实现在源字符串中查找与指定字符(串)不相等的最后 1 个字符。

7. 字符串插入和替换

可使用 insert()和 replace()函数在字符串中插入和替换一个子串。

- string insert(int index, string s):将字符串 s 插入本字符串下标 index 处。
- string insert(int index, int n, char ch):将 n 个 ch 插入本字符串下标 index 处。
- string replace(int index, int n, string s):将本字符串从下标 index 开始的 n 个字符替换为 s 的内容。

8. 字符串运算符

C++ 提供了一些字符串运算符,以简化对字符串的操作,如表 8-1 所示。

表 8-1　字符串运算符及其描述

运　算　符	描　　　述
[ ]	用数组下标运算符访问字符串中的字符
=	将一个字符串的内容复制到另一个字符串
+	连接两个字符串得到一个新串
+=	将一个字符串追加到另一个字符串末尾
<<	将一个字符串插入一个流
>>	从一个流提取一个字符串,分界符为空格或空字符'\0'
==、!=、<、<=、>、>=	用于字符串比较的 6 个比较运算符

例如,把 s1、s2 连接后赋值给 s3:

```
string s3 = s1 + s2;
```

注意:"string s = "Hello" + "World";"这个代码是合法的。

9. 数字与字符串之间的转换

可以通过 atoi() 和 atof() 函数把一个字符串转换为整数和浮点数;也可以使用 itoa() 函数把整数转换为字符串。

如果需要把浮点数转换为字符串,可使用＜sstream＞头文件中的 stringstream 类,stringstream 类提供的接口可使我们类似处理输入流与输出流一样来处理字符串。例如:

```
stringstream ss;
ss << 3.1415;
string s = ss.str();
```

10. 字符串分割

假设单词由空格分隔,可以使用 stringstream 类从字符串中提取单词。

【例 8.4】 说反话(PAT 乙级 1009)。给定一句英语,要求你编写程序,将句中所有单词的顺序颠倒输出。

测试输入包含一个测试用例,在一行内给出总长度不超过 80 的字符串。字符串由若干单词和若干空格组成,其中单词是由英文字母(大小写有区分)组成的字符串,单词之间用 1 个空格分开,输入保证句子末尾没有多余的空格。

每个测试用例的输出占一行,输出倒序后的句子。

输入样例:

Hello World Here I Come

输出样例:

Come I Here World Hello

【第 1 种方法】用 cin 读入

```
#include<bits/stdc++.h>
using namespace std;

int main()
{
    string words[110];

    int k = 0;
    while(cin >> words[k]) k ++;
    for(int i = k - 1; i > 0; i --)
        cout << words[i] << " ";
    cout << words[0] << endl;

    return 0;
}
```

【第 2 种方法】用 getline() 函数读入

```
#include<bits/stdc++.h>
using namespace std;

int main()
{
    string s, words[110];

    getline(cin, s);
    stringstream ss(s);

    int k = 0;
    while(!ss.eof())
    {
        ss >> words[k ++];
    }
    for(int i = k - 1; i > 0; i --)
        cout << words[i] << " ";
    cout << words[0] << endl;

    return 0;
}
```

8.2.4　string 的应用举例

【例 8.5】　旧键盘(PAT 乙级 1029)。旧键盘上坏了几个键,于是在敲一段文字的时候,对应的字符就不会出现。现在给出应该输入的一段文字及实际被输入的文字,请你列出肯定坏掉的那些键。

输入在 2 行中分别给出应该输入的文字及实际被输入的文字。每段文字是不超过 80 个字符的串,由字母 A~Z(包括大小写)、数字 0~9 及下画线_(代表空格)组成。题目保证 2 个字符串均非空。

按照发现顺序,在一行中输出坏掉的键。其中英文字母只输出大写,每个坏键只输出一次。题目保证至少有 1 个坏键。

输入样例：

```
7_This_is_a_test
_hs_s_a_es
```

输出样例：

```
7TI
```

【分析】

第 1 步：先把应该输入的文字及实际被输入的文字中的小写字母全部转换成大写字母。

第 2 步：因为，大写字母'A' ～ 'Z'的 ASCII 是 65～90，数字字符'0' ～ '9'的 ASCII 是 48～57，下画线'_'的 ASCII 为 95，而最终输出是大写字母，所以，可以创建一个有 100 个空间的数组 a，用来记录实际输入的字符是否出现过。

第 3 步：逐步枚举应该输入的文字，如果在实际被输入的文字中没有出现过，则认为该键是坏键，并输出该键。

```cpp
#include<bits/stdc++.h>
using namespace std;

int a[100]; //下画线的 ASCII 为 95
void change(string &s)
{
    for(int i =0; i <s.size(); i ++)
        if(islower(s[i]))
            s[i] -=32;
}
int main()
{
    string s, t;
    cin >>s >>t;
    change(s), change(t);
    for(int i =0; i <t.size(); i ++) a[t[i]] =1;
    
    for(int i =0; i <s.size(); i ++)
        if(!a[s[i]])
        {
            cout <<s[i];
            a[s[i]] =1;
        }
    puts("");
    
    return 0;
}
```

例 8.6

【例 8.6】 舍入（PAT 乙级 1123）。不同的编译器对浮点数的精度有不同的处理方法。常见的一种是"四舍五入"，即考查指定有效位的后一位数字，如果不小于 5，就令有效位最后一位进位，然后舍去后面的尾数；如果小于 5 就直接舍去尾数。另一种叫"截断"，即不管有效位后面是什么数字，一概直接舍去。还有一种是"四舍六入五成双"，即当有效位的后一位数字是 5 时,有 3 种情况要考虑:如果 5 后面还有其他非 0 尾数,则进位;如果没有,则当有效位最后一位是单数时进位,双数时舍去,即保持最后一位是双数。

本题就请你写程序按照要求处理给定浮点数的舍入问题。

输入第一行给出两个不超过 100 的正整数 N 和 D,分别是待处理数字的个数和要求保留的小数点后的有效位数。随后的 N 行,每行给出一个待处理数字的信息,格式如下:

```
指令符 数字
```

其中指令符是表示舍入方法的一位数字,1 表示"四舍五入",2 表示"截断",3 表示"四舍六入五成双";数字是一个总长度不超过 200 位的浮点数,且不以小数点开头或结尾,即 0.123 不会写成 .123,123 也不会写成 123.。此外,输入保证没有不必要的正负号(例如 -0.0 或 +1)。

对每个待处理数字,在一行中输出根据指令符处理后的结果数字。

输入样例:

```
7 3
1 3.1415926
2 3.1415926
3 3.1415926
3 3.14150
3 3.14250
3 3.14251
1 3.14
```

输出样例:

```
3.142
3.141
3.142
3.142
3.142
3.143
3.140
```

【分析】

要解这道题,首先要考虑下面一些情况:

(1) 把待处理的浮点数用字符串存储,要特别处理浮点数是负数的情况。

(2) 为了方便处理,如果浮点数没有小数,要加上小数点。

(3) 因为 D 是不超过 100 的正整数,为了避免要进行长度不足的判断,在输入的浮点数后面加 100 个 0。

(4) 进位时,要考虑小数点。

```
#include<bits/stdc++.h>
using namespace std;

void carry(string &s)
{
    reverse(s.begin(), s.end());             //反转字符串 s
    int t =1;
    for(int i =0; i <s.size(); i ++)
```

```cpp
        {
            if(s[i] == '.') continue;
            t = t + s[i] - '0';
            s[i] = (t % 10) + '0';
            t = t / 10;
        }
        if(t) s += t + '0';
        reverse(s.begin(), s.end());
}
bool judge(string s)                    //判断 s 中是否全部为零
{
    for(int i = 0; i < s.size(); i ++)
    {
        if(s[i] == '.') continue;
        if(s[i] != '0') return false;
    }
    return true;
}
int main()
{
    int n, d, op, pos;
    cin >> n >> d;
    for(int i = 1; i <= n; i ++)
    {
        string s, tmp;
        bool mark = false;
        cin >> op >> s;
        if(s[0] == '-') s = s.substr(1), mark = true;
        pos = s.find(".");
        if(pos == s.npos)                   //没有找到小数点
        {
            s += '.';
            pos = s.find('.');
        }
        s += string(100, '0');              //避免要进行长度不足的判断,先加 100 个 0
        tmp = s.substr(0, pos + d + 1);

        char c = s[pos + d + 1];
        if(op == 1 && c >= '5') carry(tmp);     //进位
        else if(op == 3)
        {
            if(c > '5') carry(tmp);             //进位
            else if(c == '5')
            {
                if(s.find_first_not_of('0', pos + d + 2) != s.npos)
                    carry(tmp);                 //进位
                else if((tmp[tmp.size() - 1] - '0') & 1)
                    carry(tmp);                 //进位
            }
        }
        if(mark && !judge(tmp)) printf("-");    //是负数,并且不能全为 0
        cout << tmp << endl;
    }
```

```
        return 0;
}
```

8.3 文件操作与重定向

保存在变量、数组和对象中的数据是暂时性的,当程序退出后就会丢失。为了永久保存程序中产生的数据,应该将数据保存于外存上的文件中。文件可以被传输,也可以在随后被其他程序读取。

C++ 定义了 ifstream、ofstream 和 fstream 类用于处理和操作文件,这些类都定义在头文件＜fstream＞中。ifstream 类用于从文件中读数据,ofstream 类用于向文件写数据,而 fstream 类用于读写数据。

C++ 使用流(stream)来描述数据流动。若数据是流向程序,则该流称为输入流;若数据从程序流出,则该流称为输出流。同时,C++ 使用对象来读写数据流,输入对象就称为输入流,输出对象就称为输出流。我们前面使用的 cin(控制台输入)就是输入流对象,cout(控制台输出)就是输出流对象。

8.3.1 读写文件

可以用 ofstream 类向一个文本文件写入基本数据类型值、数组、字符串和对象。可以用 ifstream 类从文本文件读取数据。

【例 8.7】 文本 title.in 中存放了一批整数,将其中每个数的因子之和顺序写入文件 title.out。例如,6 的因子是 1、2、3、6,所以它的因子之和为 12。

title.in 文件中的内容:

```
1 2 6
```

title.out 文件中的内容:

```
1 3 12
```

```cpp
#include<iostream>
#include<fstream>
using namespace std;

//此函数用于计算 number 的因子之和
int calc(int number)
{
    if(number<0)                    //number 如果是负数,则转换成正数
        number=-number;
    int sum=0;
    for(int k=1; k<=number; k++)
        if(number%k==0)
            sum+=k;
    return sum;
```

```
}
int main()
{
    int x;
    ifstream fin;
    ofstream fout;

    fin.open("title.in");           //打开 title.in 文件用于读
    if(fin.fail())                  //检测文件是否存在
    {
        printf("Can't open file in.txt\n");
        exit(1);
    }
    fout.open("title.out");         //打开 title.out 文件用于写
    if(fout.fail())                 //检测文件是否存在
    {
        printf("Can't creat file out.txt");
        exit(1);
    }

    while(fin >>x) fout <<calc(x) <<" ";
    fout <<endl;

    fin.close();
    fout.close();

    return 0;
}
```

文件读写完毕后,应该使用 close() 函数将流关闭。关闭输入文件并不是必须要做的操作,但这是一种好的编程习惯,可以将文件占用的系统资源释放掉。

8.3.2 重定向

现在很多程序设计竞赛(比如 NOI 系列竞赛)要求使用文件输入和输出。这种输入和输出方式可以将硬盘上的文件调入程序,使程序运行后生成另一个文件。

但是,如果是线下练习,在 Online Judge 上提交时,还要把重定向删除或者注释,以免无法通过评测,比较麻烦。如果采用下面的操作方式,就不需要把重定向删除或者注释:

```
#ifndef ONLINE_JUDGE
    freopen("title.in", "r", stdin);
    freopen("title.out", "w", stdout);
#endif
```

因为在很多 Online Judge 评测中,编译时会定义 ONLINE_JUDGE 宏。如果检测到这个宏,就不会运行重定向操作,这样就可以在本地使用文件输入和输出,在线提交使用标准输入和输出了。

【例 8.8】 写出这个数(PAT 乙级 1002)。读入一个正整数 n,计算其各位数字之和,用汉语拼音写出和的每一位数字。

每个测试输入包含一个测试用例,即给出自然数 n 的值。这里保证 n<10^{100}。

在一行内输出 n 的各位数字之和的每一位,拼音数字间有一个空格,但一行中最后一个拼音数字后没有空格。

输入样例:

```
1234567890987654321123456789
```

输出样例:

```
yi san wu
```

【分析】

因为 n 的值太大,所以作为字符串形式读入,然后求和。数字对应的拼音用 string 数组存放。

```
#include<bits/stdc++.h>
using namespace std;

int main()
{
    #ifndef ONLINE_JUDGE
        freopen("title.in", "r", stdin);
        freopen("title.out", "w", stdout);
    #endif
    string num[] = {
        "ling", "yi", "er", "san", "si", "wu",
        "liu", "qi", "ba", "jiu", "shi"};
    string s, t;
    int total = 0;

    cin >> s;
    for(int i = 0; i < s.size(); i ++)
        total += s[i] - '0';

    t = to_string(total);
    cout << num[t[0] - '0'];
    for(int i = 1; i < t.size(); i ++)
        cout << " " << num[t[i] - '0'];
    puts("");

    return 0;
}
```

8.4 专题 5:进制转换

十进制是非常正常的计数方式,但除了十进制,还会用其他进制来计数,所以需要掌握十进制与其他进制之间是如何转换的。

【**例 8.9**】 十进制转 x 进制(洛谷 B3619)。给定一个十进制整数 n 和一个小整数 x。将整数 n 转换为 x 进制。对于超过十进制的数码,用 A,B,…表示。保证 n 不超过 10^9,x

不超过 36。

输入：第一行为一个整数 n；第二行为一个整数 x。输出：仅包含一个数，表示答案。

输入样例：

```
1000
2
```

输出样例：

```
1111101000
```

【分析】设其他进制为 x。十进制整数转换为 x 进制，采用"除 x 取余，逆序排列"法。具体做法：用 x 去除十进制整数，可以得到一个商和余数；再用 x 去除商，又会得到一个商和余数，如此进行，直到商为零时为止。然后把先得到的余数作为 x 进制数的低位有效位，后得到的余数作为 x 进制数的高位有效位，依次排列起来。例如，$(78)_{10}=(4E)_{16}$ 的过程：

```
16 | 78
   16 | 4  ----14
         0  ----4
```

```
#include<bits/stdc++.h>
using namespace std;

//将十进制 n 转换为 x 进制(x 不超过 36)，然后存放在字符串 s 中
void itrans(int n, int x, string &s)
{
    int r;
    do
    {
        r = n % x;
        if(r >= 0 && r <= 9)
            s += r + '0';               //将 r 转换为数字字符
        else
            s += r - 10 + 'A';
        n = n / x;
    }while(n != 0);
    reverse(s.begin(), s.end());        //倒置
}
int main()
{
    int n, x;
    string s;
    cin >> n >> x;
    itrans(n, x, s);                    //函数调用
    cout << s << endl;
    
    return 0;
}
```

【例 8.10】 x 进制转十进制（洛谷 B3620）。给定一个小整数 x 和一个 x 进制的数 S。将 S 转换为十进制数。对于超过十进制的数码，用 A，B，…表示。保证目标数在十进制下不超过 10^9，$1 \leqslant x \leqslant 36$。

输入：第一行为一个整数 x；第二行为一个字符串 S。输出：仅包含一个整数，表示答案。

输入样例：

16
7B

输出样例：

123

【分析】x 进制转十进制，采用"按权相加"法。具体做法：首先把 x 进制数写成加权系数展开式，然后按十进制加法规则求和。

例如，十进制的 1234 可以表示成

$$1\times 10^3+2\times 10^2+3\times 10^1+4\times 10^0$$

再进一步表示成

$$(((0\times 10+1)\times 10+2)\times 10+3)\times 10+4$$

```
# include<bits/stdc++.h>
using namespace std;

//将其他进制 th(三十六进制以内) 转换成十进制
int trans(string s, int x)
{
    int sum = 0;
    for(int i = 0; i < s.size(); i ++)
    {
        if(s[i] >= '0' && s[i] <= '9')
            sum = sum * x + s[i] - '0';
        else
            sum = sum * x + s[i] - 'A' + 10;
    }
    return sum;
}
int main()
{
    int x;
    string s;
    cin >> x >> s;
    cout << trans(s, x) << endl;        //将 x 进制数 s 转换为十进制

    return 0;
}
```

练 习 8

一、单项选择题

1. 合法的字符数组定义是(　　)。

　　A. int a[] = "language";　　　　　　B. int a[5] = {0, 1, 2, 3, 4, 5};

　　C. char a = "string";　　　　　　　D. char a[] = "012345";

2. 若有定义语句"char s[10] = "1234567\0\0";"，则 strlen(s)的值是(　　)。

A. 7　　　　　B. 8　　　　　C. 9　　　　　D. 10

3. 表达式 strlen("hello") 的值是(　　)。

A. 4　　　　　B. 5　　　　　C. 6　　　　　D. 7

4. 不正确的赋值或赋初值的方式是(　　)。

A. char str[] = "string";

B. char str[7] = {'s', 't', 'r', 'i', 'n', 'g'};

C. char str[10]; str = "string";

D. char str[7] = {'s', 't', 'r', 'i', 'n', 'g', '\0'};

5. 下列程序的运行结果是(　　)。

```
#include<bits/stdc++.h>
using namespace std;
int main()
{
    char a[10] ="abcd";
    printf("%d,%d\n", strlen(a), sizeof(a));
    return 0;
}
```

A. 7,4　　　　B. 4,10　　　　C. 8,8　　　　D. 10,10

6. 下列程序的运行结果是(　　)。

```
#include<bits/stdc++.h>
using namespace std;

int main()
{
    char s[] ="012xy";
    int n =0;
    for(int i =0; s[i] !=0; i ++)
        if(s[i] >='a' && s[i] <='z')
            n ++;
    printf("%d\n", n);

    return 0;
}
```

A. 0　　　　　B. 2　　　　　C. 3　　　　　D. 5

二、程序设计题

1. 组个最小数(PAT 乙级 1023)。给定数字 0~9 各若干。你可以以任意顺序排列这些数字,但必须全部使用。目标是使得最后得到的数尽可能小(注意 0 不能在首位)。现给定数字,请编写程序输出能够组成的最小的数。

输入在一行中给出 10 个非负整数,顺序表示我们拥有数字 0,数字 1,…,数字 9 的个数。整数间用一个空格分隔。10 个数字的总个数不超过 50,且至少拥有 1 个非 0 的数字。在一行中输出能够组成的最小的数。

输入样例:

```
2200030010
```

输出样例:

```
10015558
```

2. 取代字符串中特定字符串(信友队 3612)。给定三个字符串,即 a、b 和 c,将 a 字符串里面出现的 b 字符串都替换成 c 字符串。

输入一行,包含三个字符串,|a|、|b|、|c|≤1000,替换后的串长≤1000。输出一个替换后的字符串。

输入样例 1:

```
ababa aba abc
```

输出样例 1:

```
abcba
```

输入样例 2:

```
abcabcabc abc abcabc
```

输出样例 2:

```
abcabcabcabcabcabc
```

3. 进制判断(洛谷 B3868)。现在有 N 个数,请你分别判断它们是否可能是二进制、八进制、十进制、十六进制。例如,15A6F 就只可能是十六进制,而 1011 则是四种进制皆有可能。

输入的第一行为一个十进制表示的整数 N。接下来的 N 行,每行一个字符串,表示需要判断的数。保证所有字符串均由数字和大写字母组成,且不以 0 开头;不会出现空行;1≤N≤1000;所有字符串长度不超过 10。

输出 N 行,每行 4 个数,用空格隔开,分别表示给定的字符串是否可能表示一个二进制数、八进制数、十进制数、十六进制数。使用 1 表示可能,使用 0 表示不可能。

输入样例 1:

```
2
15A6F
1011
```

输出样例 1:

```
0 0 0 1
1 1 1 1
```

输入样例 2:

```
4
1234567
12345678
FF
GG
```

输出样例 2:

```
0 1 1 1
0 0 1 1
0 0 0 1
0 0 0 0
```

4. 幸运数(洛谷 B3850)。小明发明了一种"幸运数"。一个正整数,其偶数位不变(个位为第 1 位,十位为第 2 位,以此类推)。奇数位做如下变换:将数字乘以 7,如果不大于 9 则作为变换结果;否则把结果的各位数相加,如果结果不大于 9 则作为变换结果,否则(结果仍大于 9)继续把各位数相加,直到结果不大于 9,作为变换结果。变换结束后,把变换结果的各位数相加,如果得到的和是 8 的倍数,则称一开始的正整数为幸运数。

例如 16347:第 1 位为 7,乘以 7 结果为 49,大于 9,各位数相加为 13,仍大于 9,继续各位数相加,最后结果为 4;第 3 位为 3,变换结果为 3;第 5 位为 1,变换结果为 7。最后变换结果为 76344,对于结果 76344 其各位数之和为 24,是 8 的倍数。因此 16347 是幸运数。

输入第一行为正整数 N,表示有 N 个待判断的正整数。约定 1≤N≤20。从第 2 行开始的 N 行,每行一个正整数,为待判断的正整数。约定这些正整数小于 10^{12}。

输出 N 行,对应 N 个正整数是否为幸运数,如是则输出"T",否则输出"F"。

输入样例:

```
2
16347
76344
```

输出样例:

```
T
F
```

5. 密码合规(洛谷 B3843)。网站注册需要有用户名和密码,编写程序以检查用户输入密码的有效性。合规的密码应满足以下要求:

(1) 只能由 a~z 26 个小写字母、A~Z 26 个大写字母、0~9 10 个数字以及!、@、#、$ 4 个特殊字符构成。

(2) 密码最短长度为 6 个字符,密码最大长度为 12 个字符。

(3) 大写字母、小写字母和数字必须至少有其中两种,以及至少有 4 个特殊字符中的一个。

输入一行不含空格的字符串。约定长度不超过 100。该字符串被英文逗号分隔为多段,作为多组被检测密码。

输出若干行,每行输出一组合规的密码。输出顺序以输入先后为序,即先输入则先输出。

输入样例:

```
seHJ12!@,sjdkffH$123,sdf!@&12HDHa!,123&^YUhg@!
```

输出样例:

```
seHJ12!@
sjdkffH$123
```

第 9 章

指　针

　　指针(pointer)是 C/C++ 语言中一个非常重要的概念,也是 C/C++ 语言的特色之一。使用指针可以对复杂数据进行处理,也可以对计算机的内存进行分配控制。在函数调用过程中使用指针能得到多个值。

　　指针是一种保存变量地址的变量。在 C/C++ 语言中,指针的使用非常广泛,一个原因是,指针常常是表达某个计算的唯一途径;另一个原因是,同其他方法比较起来,使用指针通常可以生成更高效、更紧凑的代码。

　　指针与数组之间的关系十分密切。

　　指针和 goto 语句一样,都会导致程序难以理解。如果使用者粗心,指针很容易就指向了错误的地方,但是,如果谨慎地使用指针,便可以利用它写出简单、清晰的程序。

9.1　实　例　导　入

　　【例 9.1】　下面程序设计的目的是要通过函数调用,交换 main()函数中变量 a 和 b 的值。请分析 swap1()、swap2()、swap3()、swap4()这 4 个函数,哪个函数可以实现这个功能。

```
#include<bits/stdc++.h>
using namespace std;

void swap1(int x, int y);
void swap2(int * x, int * y);
void swap3(int * x, int * y);
void swap4(int &x, int &y);

int main()
{
    int a, b;

    a =2, b =7;
    swap1(a, b);
    printf("swap1: a=%d, b=%d\n", a, b);

    a =2, b =7;
    swap2(&a, &b);
    printf("swap2: a=%d, b=%d\n", a, b);

    a =2, b =7;
```

```
        swap3(&a, &b);
        printf("swap3: a=%d, b=%d\n", a, b);

        a = 2, b = 7;
        swap4(a, b);
        printf("swap4: a=%d, b=%d\n", a, b);

        return 0;
}
void swap1(int x, int y)
{
        int t;
        t = x, x = y, y = t;
}
void swap2(int * x, int * y)
{
        int * t;
        t = x, x = y, y = t;
}
void swap3(int * x, int * y)
{
        int t;
        t = * x, * x = * y, * y = t;
}
void swap4(int &x, int &y)
{
        int t;
        t = x, x = y, y = t;
}
```

运行结果如下：

```
swap1: a=2, b=7
swap2: a=2, b=7
swap3: a=7, b=2
swap4: a=7, b=2
```

【程序分析】

(1) swap1()函数无法实现两个整数的交换。

C语言是以传值的方式将参数值传递给被调用函数，这样，被调用函数就不能直接修改主调函数中变量的值。因此 swap1()函数不会影响到调用它的程序中的实参 a 和 b 的值，该函数仅仅交换了 a 和 b 的副本的值。例如，实参值和形参值的变化如图 9-1 所示。

(2) swap2()函数无法实现两个整数的交换。因为此方式仅仅交换了形参两个指针变量的值。例如，实参值和形参值的变化如图 9-2 所示。

(3) swap3()函数可以实现两个整数的交换。指针参数使得被调用函数能够访问和修改主调函数中对象的值。例如，实参值和形参值的变化如图 9-3 所示。

(4) swap4()函数可以实现两个整数的交换。形参用了引用，当改变引用变量(形参)的值时，原变量的值也会改变。

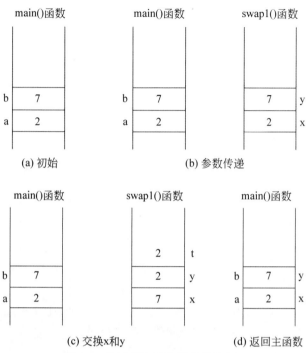

图 9-1 实参值和形参值的变化(1)

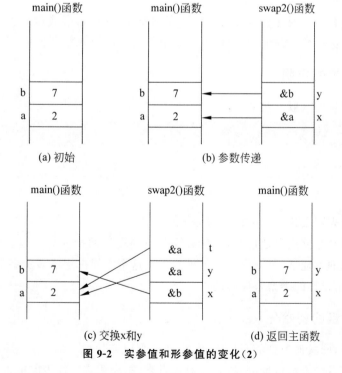

图 9-2 实参值和形参值的变化(2)

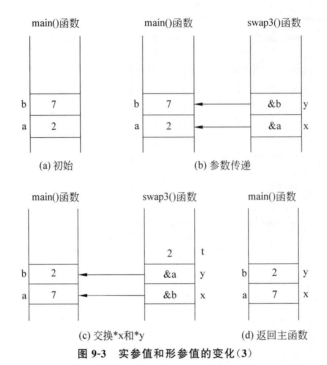

图 9-3 实参值和形参值的变化（3）

9.2 指针的基本知识

通常机器都有一系列连续编号或编址的存储单元，这些编号或编址称为存储单元的地址。指针是一种保存变量地址的变量，所占字节数与具体的计算机有关。

9.2.1 指针变量的声明

声明指针变量的一般形式如下：

类型名 *指针变量名；

例如：

```
int *ip;
```

该声明语句表明表达式 *ip 的结果是 int 类型。

指针就是用来存储内存地址的，为什么要分不同类型的指针呢？因为指针变量存储的是一个内存空间的首地址（第一字节的地址），但是这个空间占用了多少字节，用来存储什么类型的数，则是由指针的类型来标明的。

9.2.2 指针变量的初始化

一般情况下，同其他类型的变量一样，指针也可以初始化。通常，对指针有意义的初始化值只能是 0 或者是表示地址的表达式，对后者来说，表达式所代表的地址必须是在此前已定义的具有适当类型的数据的地址。

C/C++语言确保,0 永远是有效的数据地址,返回 0 可用来表示发生了异常事件。程序中经常用符号常量 NULL 代替常量 0,这样便于更清晰地说明常量 0 是特殊指针值。符号常量 NULL 定义在标准头文件 iostream 中。

9.2.3 指针变量的基本运算

1. 取地址运算

一元运算符"&"可用于取一个对象的地址,因此,下列语句:

```
int c;
int * ip;
ip = &c;
```

将把 c 的地址赋值给指针变量 ip,称 ip 为"指向"c 的指针。

地址运算符"&"只能作用于内存中的对象,即变量或数组元素,它不能作用于表达式、常量或 register 类型的变量。

2. 间接引用运算

一元运算符"*"称间接引用运算符(或解引用运算符),当它作用于指针时,将访问指针所指向的对象。例如:

```
int z[10];
int x=1, y=2;
int * ip;              //ip 是指向 int 类型的指针变量
ip = &x;               //ip 现在指向 x
y = * ip;              //y 的值现在为 1
* ip = 0;              //x 的值现在为 0
ip = &z[0];            //ip 现在指向 z[0]
```

在 C/C++ 语言中, * 号有三个用途:①乘号,用作乘法运算,例如 5 * 6;②声明一个指针变量,在定义指针变量时使用,例如 int * ip;③间接访问运算符,取得指针所指向的内存中的值,例如 y = * ip。

【例 9.2】 指针的基本概念。

```
#include<bits/stdc++.h>
using namespace std;

int main()
{
    int x;
    int * pa =&x;
    x =10;
    printf("x: %d\n", x);
    printf("* pa: %d\n", * pa);
    printf("&x: %p\n", &x);
    printf("pa: %p\n", pa);
    printf("&pa: %p\n", &pa);

    return 0;
}
```

假设,整型变量 x 的地址为 0x0012ff7c,指针变量 pa 的地址为 0x0012ff78,如图 9-4 所示。

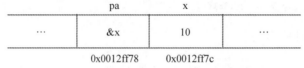

图 9-4　变量、变量地址、变量内容示意图

那么,运行结果如下:

```
x: 10
*pa: 10
&x: 0012ff7c
pa: 0012ff7c
&pa: 0012ff78
```

注意事项:

(1) 指针只能指向某种特定类型的对象。但是,void 类型的指针可以指向任何类型的对象,但它不能间接引用其自身。

(2) 如果指针 ip 指向整型变量 x,那么在 x 可以出现的任何上下文中都可以使用 *ip,因此,语句

```
*ip = *ip +10;
```

将把 x 的值增加 10。

(3) 一元运算符"*"和"&"的优先级比算术运算符的优先级高。

```
y = *ip +1;      //对 ip 指向的对象加 1,然后再将结果赋值给 y
*ip +=1;         //对 ip 指向的对象加 1
```

它等同于

```
++*ip;
```

或

```
(*ip) ++;
```

说明:语句(*ip)++中的圆括号是必需的,否则,该表达式将对 ip 进行加 1 运算,而不是对 ip 指向的对象进行加 1 运算,这是因为运算符 * 和++的优先级相同,结合性从右至左。

(4) 指针变量必须先赋值,再使用。例如:

```
int *p;
int i =10;
*p =i;           //指针变量 p 的指向不确定,错误
```

修改为

```
int * p;
int i = 10, k;
p = &k;
* p = i;              //正确
```

3. 赋值运算

由于指针也是变量,因此在程序中可以直接使用。例如,如果 iq 是另一个指向整型的指针,那么语句

```
iq = ip
```

是把 ip 的值赋给 iq,这样,指针 iq 也指向 ip 所指向的对象。

4. 加法运算

指针可以和整数进行相加运算。例如:

```
p + n
```

表示指针 p 当前指向的对象之后的第 n 个对象的地址。

无论 p 指向的对象是何种类型,上述结论都成立。因为在计算 p + n 时,n 将根据 p 指向的对象的长度按比例缩放,而 p 指向的对象的长度则取决于 p 的声明。

5. 减法运算

指针可以和整数进行相减运算。例如:

```
p - n
```

表示指针 p 当前指向的对象之前的第 n 个对象的地址。

无论 p 指向的对象是何种类型,上述结论都成立。因为在计算 p − n 时,n 将根据 p 指向的对象的长度按比例缩放,而 p 指向的对象的长度则取决于 p 的声明。

在某些情况下,指针之间的减法运算也是有意义的。如果指针 p 和 q 指向相同数组中的元素,且 p < q,那么 q−p+1 就是位于 p 和 q 指向的元素之间的元素个数。

6. 比较运算

在某些情况下,对指针可以进行比较运算。例如,如果指针 p 和 q 所指向的对象属于同一个数组,那么它们之间就可以进行==、!=、<、>、<=、>=的比较运算。

请注意:任何指针与 0 进行相等或不等的比较运算都有意义。但是,指向不同数组的指针之间的算术运算或比较运算是没有意义的。

9.3 指针与数组

在 C/C++ 语言中,指针与数组之间的关系十分密切。

9.3.1 指针与一维数组

例如:

```
int a[10];
int * pa;
pa = &a[0];      //⇔ pa=a; 指针 pa 指向数组 a 的第 0 个元素,pa 的值为数组元素 a[0]的地址
```

如果指针变量 pa 指向数组中的某个特定元素,那么 pa+1 将指向下一个元素,pa+i 将指向 pa 所指向数组元素之后的第 i 个元素,而 pa-i 将指向 pa 所指向数组元素之前的第 i 个元素。

指针运算与数组之间具有密切的对应关系。对数组元素 a[i]的引用也可以写成 *(a+i) 这种形式。在计算数组元素 a[i]的值时,C/C++ 语言实际上是先将其转换为 *(a+i)的形式,然后再进行求值,所以在程序中这两种形式是等价的。因此,&a[i]和 a+i 的含义是相同的,a+i 是 a 之后的第 i 个元素的地址;pa[i]与 *(pa+i)是等价的。

简而言之,一个通过数组下标表示的表达式可等价地通过指针和偏移量来表示。

【例 9.3】 指针、地址与数组之间的关系。

```
#include<bits/stdc++.h>
using namespace std;

int main()
{
    int x[5] ={3, 7, 2, 9, 5};
    int * pa =x;

    for(int i =0; i <5; i ++)            //输出地址。x+i 与 pa+i 等价
        printf("%x %x\n", x +i, pa +i);
    printf("\n");

    for(int i =0; i <5; i ++)            //输出内容。 * (x+i)与 * (pa+i)等价
        printf("%d %d\n", * (x +i), * (pa +i));
    printf("\n");

    for(int i =0; i <5; i ++)            //输出内容。x[i]与 pa[i]等价
        printf("%d %d\n", x[i], pa[i]);
    printf("\n");

    for( ; pa <x +5; pa ++)              //输出内容
        printf("%d\n", * pa);
    printf("\n");

    pa =x +5;
    printf("%d\n", pa -x);               //pa-x 的结果是两者之间的元素个数

    return 0;
}
```

这里,假设数组 x 的首地址为 0x0012ff68,那么运行结果如下:

```
12ff68 12ff68
12ff6c 12ff6c
12ff70 12ff70
```

```
12ff74 12ff74
12ff78 12ff78

3 3
7 7
2 2
9 9
5 5

3 3
7 7
2 2
9 9
5 5

3
7
2
9
5

5
```

【例9.4】 写出下列程序的运行结果。

```
#include<bits/stdc++.h>
using namespace std;

int main()
{
    char * ptr;
    char fruit[] ="Apple";
    ptr =fruit +strlen(fruit);
    while(--ptr >=fruit) puts(ptr);

    return 0;
}
```

运行结果：

```
e
le
ple
pple
Apple
```

【运行结果分析】

(1) 在指针的算术运算中，可以使用数组最后一个元素的下一个地址。如语句

```
ptr =fruit +strlen(fruit);
```

执行后，ptr 就指向了数组的最后一个元素的下一个地址，如图 9-5 所示。

(2) 数组名与指针不同。指针是一个变量，因此，在 C 语言中，语句 pa ＝ a 和 pa ＋＋

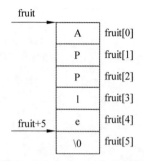

图 9-5 fruit、fruit+5 的指向

都是合法的。而数组名是地址常量,因此,类似于 a = pa 和 a ++ 形式的语句是非法的。

【**例 9.5**】 写出下列程序的运行结果。

```
#include<bits/stdc++.h>
using namespace std;

void change(int k[])
{
    k[0] = k[5];
}
int main()
{
    int x[10] = {1, 2, 3, 4, 5, 6, 7, 8, 9, 10};
    int n = 0;
    while(n <= 4)
    {
        change(&x[n]);
        n ++;
    }
    for(int n = 0; n < 5; n ++)
        printf("%d", x[n]);
    printf("\n");

    return 0;
}
```

运行结果:

678910

【运行结果分析】

初始时,数组 x 中的数据如图 9-6 所示。

x[0]	x[1]	x[2]	x[3]	x[4]	x[5]	x[6]	x[7]	x[8]	x[9]
1	2	3	4	5	6	7	8	9	10

图 9-6 初始时,数组 x 中的数据

(1) n = 0,n <= 4 成立,执行 while 循环语句。

调用函数 change(&x[n]),将实参数组元素 x[0]的地址值传递给了形参数组 k,这时

数组 k 与数组 x 共享存储空间，如图 9-7 所示。

x[0]	x[1]	x[2]	x[3]	x[4]	x[5]	x[6]	x[7]	x[8]	x[9]
1	2	3	4	5	6	7	8	9	10
k[0]	k[1]	k[2]	k[3]	k[4]	k[5]	k[6]	k[7]	k[8]	k[9]

图 9-7　调用函数 change(&x[n])

执行 change() 函数中的语句 k[0] = k[5]，那么这时数组中的数据变化如图 9-8 所示。

x[0]	x[1]	x[2]	x[3]	x[4]	x[5]	x[6]	x[7]	x[8]	x[9]
6	2	3	4	5	6	7	8	9	10
k[0]	k[1]	k[2]	k[3]	k[4]	k[5]	k[6]	k[7]	k[8]	k[9]

图 9-8　执行 change() 函数中的语句 k[0] = k[5]

（2）n = 1，n <= 4 成立，执行 while 循环语句。

调用函数 change(&x[n])，将实参数组元素 x[1] 的地址值传递给了形参数组 k，这时数组 k 与数组 x 共享存储空间，如图 9-9 所示。

x[0]	x[1]	x[2]	x[3]	x[4]	x[5]	x[6]	x[7]	x[8]	x[9]
6	2	3	4	5	6	7	8	9	10
	k[0]	k[1]	k[2]	k[3]	k[4]	k[5]	k[6]	k[7]	k[8]

图 9-9　调用函数 change(&x[n])

执行 change() 函数中的语句 k[0] = k[5]，那么这时数组中的数据变化如图 9-10 所示。

x[0]	x[1]	x[2]	x[3]	x[4]	x[5]	x[6]	x[7]	x[8]	x[9]
6	7	3	4	5	6	7	8	9	10
	k[0]	k[1]	k[2]	k[3]	k[4]	k[5]	k[6]	k[7]	k[8]

图 9-10　执行 change() 函数中的语句 k[0] = k[5]

（3）n = 2，n = 3 时，同理。

（4）n = 4，n <= 4 成立，执行 while 循环语句。

调用函数 change(&x[n])，将实参数组元素 x[4] 的地址值传递给了形参数组 k，这时数组 k 与数组 x 共享存储空间，如图 9-11 所示。

x[0]	x[1]	x[2]	x[3]	x[4]	x[5]	x[6]	x[7]	x[8]	x[9]
6	7	8	9	5	6	7	8	9	10
				k[0]	k[1]	k[2]	k[3]	k[4]	k[5]

图 9-11　调用函数 change(&x[n])

执行 change() 函数中的语句 k[0] = k[5]，那么这时数组中的数据变化如图 9-12 所示。

（5）n = 5，n <= 4 不成立，跳出 while 循环，执行 while 循环语句的下一条语句。

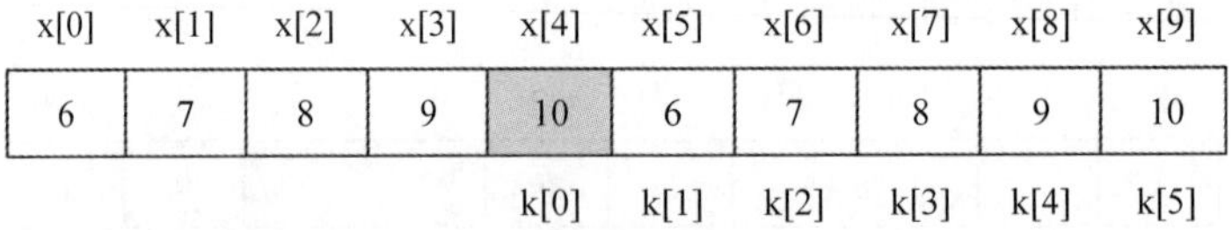

x[0]	x[1]	x[2]	x[3]	x[4]	x[5]	x[6]	x[7]	x[8]	x[9]
6	7	8	9	10	6	7	8	9	10
				k[0]	k[1]	k[2]	k[3]	k[4]	k[5]

图 9-12 执行 change()函数中的语句 k[0] = k[5]

通过以上分析可知：可以将指向子数组起始位置的指针传递给函数，这样就将数组的一部分传递给了函数。对于函数 change()来说，它并不关心所引用的是否只是一个更大数组的部分空间。

9.3.2 指针与多维数组

用指针变量可以指向一维数组中的元素，也可以指向多维数组中的元素。但在概念上和使用上，多维数组的指针比一维数组的指针要复杂一些。例如：

```
int a[4][4]={{1, 2, 3, 4}, {5, 6, 7, 8}, {9, 10, 11, 12}, {13, 14, 15, 16}};
```

假设数组 a 的首地址为 0x0012ff50，int 类型占 4 字节，它的性质如表 9-1 所示。

表 9-1 数组 a 的性质

表 示 形 式	含 义	地 址
a	二维数组名、数组首地址	0x0012ff50
a[0], *(a+0), *a	第 0 行第 0 列元素地址	0x0012ff50
a+1	第 1 行首地址	0x0012ff60
a[1], *(a+1)	第 1 行第 0 列元素地址	0x0012ff60
a[1]+2, *(a+1)+2, &a[1][2]	第 1 行第 2 列元素地址	0x0012ff68
*(a[1]+2), *(*(a+1)+2), a[1][2]	第 1 行第 2 列元素值	7

【例 9.6】 指向一维数组的指针变量。

```
#include<bits/stdc++.h>
using namespace std;

int main()
{
    int a[3][4] = {1, 3, 5, 7, 9, 11, 13, 15, 17, 19, 21, 23};
    int (*p)[4] =a;           //p 是指向一维数组的指针变量
    for(int i =0; i <3; i ++, p ++)
        for(int j =0; j <4; j ++)
            printf("%d ", *(*p +j));
    printf("\n");

    return 0;
}
```

运行结果：

```
1 3 5 7 9 11 13 15 17 19 21 23
```

【运行结果分析】

p 是指向一维数组的指针变量。当 p = a 时，*(*p + j)相当于 a[0][j]；当 p = a + 1 时，*(*p + j)相当于 a[1][j]；当 p = a + 2 时，*(*p + j)相当于 a[2][j]。

9.4 指针与函数

9.4.1 函数的形参是指针

我们前面学习了 C/C++ 的两种向函数传递参数的方式：传值方式和传引用方式。还可以在函数调用时传递指针参数。指针参数可以通过传值或传引用的方式传递。例如，可以定义下面的函数：

```
void f(int * p1, int * &p2);
```

【例 9.7】 写出下列程序的运行结果。

```
1    #include<bits/stdc++.h>
2    using namespace std;
3
4    int z;
5    void fun(int * x, int y)
6    {
7        ++ * x;
8        y--;
9        z = * x +y +z;
10       printf("%d, %d, %d#", * x, y, z);
11   }
12   int main()
13   {
14       int x =2, y =3, z =4;
15       fun(&x, y);
16       printf("%d, %d, %d#", x, y, z);
17
18       return 0;
19   }
```

运行结果：

```
3, 2, 5#3, 3, 4#
```

【运行结果分析】

(1) 因为 z 是外部变量，在编译阶段就为它分配存储单元，虽然没有对它进行显式初始化，但隐式初始化为 0，如图 9-13 所示。

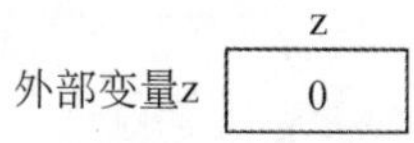

外部变量 z　　z
　　　　　　 ┌───┐
　　　　　　 │ 0 │
　　　　　　 └───┘

图 9-13　外部变量 z 隐式初始化为 0

(2) 第 14 行语句,为内部变量 x、y、z 分配存储单元,并分别初始化为 2、3、4,如图 9-14 所示。

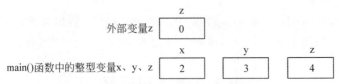

图 9-14　内部变量 x、y、z 分别初始化为 2、3、4

(3) 执行第 15 行语句,调用函数 fun(&x,y)。按从左至右,把实参的值传递给形参。形参是局部变量,函数调用时,才为它分配存储单元,如图 9-15 所示。

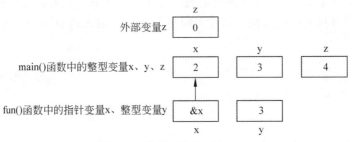

图 9-15　调用函数 fun(&x,y)

(4) 执行 fun()函数。

执行第 7 行语句,即 ++ * x。++ 与 * 这两个运算符的优先级相同,结合性从右至左,也就是先进行 * x 运算,得到指针变量 x 所向的对象(即实参 x),然后再对实参 x 进行加 1 运算。

执行第 8 行语句,即 y --。

执行第 9 行语句,即 z = * x + y + z。

执行上述三条语句之后,各存储单元的值变化如图 9-16 所示。

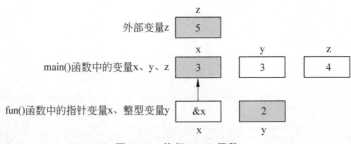

图 9-16　执行 fun()函数

(5) fun()函数执行结束,释放 fun()函数中的局部变量所占用的存储单元,如图 9-17 所示。

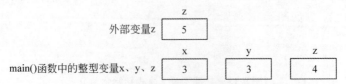

图 9-17　释放 fun()函数中的局部变量所占用的存储单元

9.4.2 函数返回指针

在 C/C++ 语言中,函数返回值的类型除了整型、字符型和浮点型外,也可以是指针,即函数可以返回一个地址。定义和调用这类函数的方法与其他函数一样。例如:

```
int * fun();
```

fun()是一个函数,它返回一个指向 int 类型的指针。

9.4.3 指向函数的指针

在 C/C++ 语言中,函数本身不是变量,但函数名是函数的入口地址,可以定义指向函数的指针,即函数指针。这种类型的指针可以被赋值、存放在数组中、传递给函数以及作为函数的返回值等。

函数指针定义的一般格式如下:

```
类型名 (*指针变量名)(形参列表);
```

其中类型名是函数返回值的类型,形参列表是函数的形参列表。

例如:

```
int (*pf)(int x, int y);
```

pf 是一个指向函数的指针,该函数返回一个 int 类型的对象。

【例 9.8】 设计一个 process() 函数,在调用它的时候,每次实现不同的功能,如可以求两个数中的大者、两个数中的小者、两个数之和。

输入样例:

```
23 27
```

输出样例:

```
27
23
50
```

```
#include<bits/stdc++.h>
using namespace std;

int max(int x, int y);
int min(int x, int y);
int add(int x, int y);
void process(int x, int y, int (*pf)(int x, int y));

int main()
{
    int a, b;
    scanf("%d%d", &a, &b);
    process(a, b, max);
    process(a, b, min);
    process(a, b, add);
```

```
        return 0;
}
int max(int x, int y)
{
    return x > y ? x : y;
}
int min(int x, int y)
{
    return x < y ? x : y;
}
int add(int x, int y)
{
    return x + y;
}
void process(int x, int y, int (*pf)(int x, int y))
{
    printf("%d\n", (*pf)(x, y));
}
```

9.5　字符指针与函数

字符串常量是一个字符数组,它的常见用法是作为函数参数。例如:

```
printf("hello,world\n");
```

printf()接收的是一个指向字符数组第一个元素的指针,也就是说,字符串常量可通过一个指向其第一个元素的指针来访问。

除了作为函数参数外,字符串常量还有其他用法。例如:

```
char * p;
```

那么,语句

```
p = "now is the time";
```

将把一个指向该字符数组的指针赋给 p。该过程并没有进行字符串的复制,而只是涉及指针的操作。

下面的定义有很大的差别,例如:

```
char str[15] = "I love China!";              //√
char str[15]; str = "I love China!";         //×
char * cp = "I love China!";                 //√
char * cp; cp = "I love China!";             //√
```

因为,在上述声明中,str 是字符数组名,它是地址常量。数组中的单个字符可以进行修改,但 str 始终指向同一个存储位置,不可修改。

cp 是一个字符指针,它是地址变量,其初值指向一个字符串常量,之后它可以被修改以指向其他地址,但不能通过它修改字符串的内容。

9.6 指针数组

9.6.1 指针数组的声明

由于指针本身也是变量,因此它们也可以像其他变量一样存储在数组中。例如:

```
char * pArray[100];
```

它表示 pArray 是一个具有 100 个元素的一维指针数组,数组的每个元素是一个指向字符类型对象的指针。也就是说,pArray[i]是一个字符指针,而 * pArray[i]是该指针指向的第 i 个文本行的首字符。

请注意:不要写成 char (* pArray)[100],因为这时 pArray 是指向一维数组的指针变量。

9.6.2 指针数组的初始化

指针数组也可以初始化,例如:

```
char * month[] = {
    "Illegal month", "January", "February",
    "March", "April", "May", "June",
    "July", "August", "September",
    "October", "November", "December"
};
```

9.6.3 指针数组与二维数组的区别

指针数组的一个重要优点在于,数组的每一行长度可以不同,所以指针数组经常用于存放具有不同长度的字符串。例如:

```
char * name[5] ={"gain", "much", "stronger", "point", "bye"};
```

其存储示意图如图 9-18 所示。

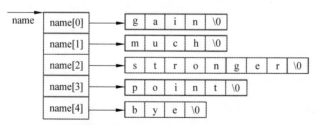

图 9-18 指针数组存储示意图

而二维数组的每一行长度均相同。例如:

```
char name[5][9] ={"gain", "much", "stronger", "point", "bye"};
```

其存储示意图如图 9-19 所示。

name[0]	g	a	i	n	\0	\0	\0	\0	\0
name[1]	m	u	c	h	\0	\0	\0	\0	\0
name[2]	s	t	r	o	n	g	e	r	\0
name[3]	p	o	i	n	t	\0	\0	\0	\0
name[4]	b	y	e	\0	\0	\0	\0	\0	\0

图 9-19　二维数组的存储示意图

提示：

(1) 二维数组存储空间固定；

(2) 字符指针数组相当于可变列长的二维数组；

(3) 指针数组的元素相当于二维数组的行名，是指针变量；而二维数组的行名，是地址常量。

9.7　命令行参数

源程序经编译和连接后生成可执行程序，它可以直接在操作系统环境下以命令方式运行。输入命令时，在可执行文件名的后面可以跟一些参数，这些参数称为命令行参数。命令行的一般形式如下：

> 命令名　参数1　参数2　…　参数n

命令名和各个参数之间用空格分隔，也可以没有参数。

指针数组的一个重要应用是作为 main() 函数的形参。在支持 C 语言的环境中，可以在程序开始执行时将命令行参数传递给程序。调用主函数 main() 时，它带有两个参数：第 1 个参数习惯上用 argc 命名，用于参数计数，它表示运行程序时命令行中参数的数目；第 2 个参数习惯上用 argv 命名，它是一维指针数组，其中每个数组元素指向一个参数。

按照 C 语言的约定，argv[0] 的值是启动该程序的程序名，因此 argc 的值至少为 1。如果 argc 的值为 1，则说明程序名后面没有命令行参数。另外，ANSI C 要求 argv[argc] 的值必须为一空指针。

【例 9.9】　输出命令行参数。

```cpp
//test.cpp
#include<bits/stdc++.h>
using namespace std;

int main(int argc, char * argv[])
{
    while(argc >1)
    {
        ++argv;
        printf("%s\n", * argv);
        --argc;
    }
    return 0;
}
```

经编译和连接后,用命令行方式运行:

test hello world!

那么输出

hello
world!

【运行结果分析】此时 argc 的值是 3,argv 的前 3 个元素分别指向命令"test"、命令行的第 1 个参数"hello"、命令行的第 2 个参数"world",最后一个元素 argv[3] 的值为一空指针,如图 9-20 所示。

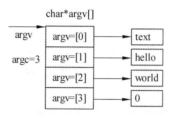

图 9-20　指针数组 argv 的各个元素的值

9.8　指向指针的指针

指向指针的指针称为二级指针,二级指针是保存一级指针变量地址的指针变量。二级指针与一级指针相比,概念较难理解,运算也更复杂。在 C/C++ 语言中,声明二级指针变量的一般形式如下:

类型名 **变量名;

例如:

```
int * p1;            //定义了一级整型指针变量 p1
int **p2;            //定义了二级整型指针变量 p2
int i =3;
p1 =&i;
p2 =&p1;
**p2 =5;
```

各存储单元的值变化如图 9-21 所示。

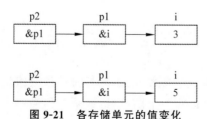

图 9-21　各存储单元的值变化

9.9 动态持久内存分配

C++支持动态内存分配,动态内存分配使用 new 操作符,例如:

```
int * p = new int(4);
```

其中 new int(4)告诉计算机在运行时为一个 int 变量分配内存空间,并在运行时初始化为 4,该 int 变量的地址赋给指针 p。这样,就可以用指针访问内存地址。

也可以动态地创建一个数组。例如:

```
int * a = new int[size];
```

其中 new int[size]为给定元素个数的 int 类型数组分配内存空间,它的地址赋给 a。使用 new 操作符创建的数组称为动态数组。注意,当创建动态数组时,数组大小是在运行时确定的,可以为一个整型变量。

C++中,局部变量在栈中分配空间;而由 new 操作符分配的内存空间在自由存储区或者堆的内存区域。

使用 new 操作符分配的内存是持久存在的,直到它被显式释放或者程序退出。

delete 操作符可以显式地释放由 new 操作符分配的内存空间,例如:"delete p;"。

在 C++ 中,delete 是一个关键字,如果内存是分配给一个数组的,为了正确地释放内存,则需要在关键字 delete 和指针间放上符号[],例如:"delete [] a;"。

当一个指针指向的内存被释放后,该指针的值就是未定义的。进一步,如果其他指针也指向相同的被释放了的内存区域,这些指针也是未定义的。这些未定义的指针被称为悬空指针,不能在悬空指针上应用解引用运算符(*),如果这样做可能会导致严重后果。

【例 9.10】 反序输出(信息学奥赛一本通 2034)。输入 n 个数,要求程序按输入时的逆序把这 n 个数打印出来,已知整数不超过 100 个。也就是说,按输入相反顺序打印这 n 个数。

输入一行共有 n 个数,每个数之间用空格隔开。输出一行,共有 n 个数,每个数之间用一个空格隔开。

输入样例:

```
1 7 3 4 5
```

输出样例:

```
5 4 3 7 1
```

【分析】

实现一个函数,它有一个数组参数,函数执行时将该数组反序,并返回这个数组。假设我们不想改变初始数组,则可以写一个函数,给该函数传递一个数组参数,返回的是一个新数组,而新数组的内容是原数组的反序。实现如下:

```
#include<bits/stdc++.h>
```

```
using namespace std;

const int N = 110;

int * reverse(const int * a, int n)
{
    int b[N];
    for(int i = 0, j = n - 1; i < n; i ++, j --)
        b[j] = a[i];
    return b;
}
void printArray(const int * a, int n)
{
    for(int i = 0; i < n; i ++)
        cout << a[i] << " ";
    cout << endl;
}
int main()
{
    int a[N];
    int n = 0;
    while(cin >> a[n]) n ++;

    int * p = reverse(a, n);
    printArray(p, n);

    return 0;
}
```

但是会发现这个程序的输出结果是错误的。为什么？原因是 reverse() 函数中数组 b 是一个局部变量,而局部变量是非持久的,当函数返回时,调用栈中的局部变量会被丢弃掉。试图访问指向这样地址的指针,会导致不正确的、不可预知的结果。为了修正这个错误,需要为数组 b 分配持久的内存空间,以便能在函数返回后正常访问它。修改 reverse() 函数就正确了：

```
int * reverse(const int * a, int n)
{
    int * b = new int[N];
    for(int i = 0, j = n - 1; i < n; i ++, j --)
        b[j] = a[i];
    return b;
}
```

练 习 9

单项选择题

1. 已知"int a, * p = &a;",则为了得到变量 a 的值,下列错误的表达式是（　　）。
   A. *&p B. *p C. p[0] D. *&a
2. 下列语句定义 pf 为指向 double 类型变量 f 的指针,（　　）是正确的。

A. double f，*pf = f;	B. double f，*pf = &f;
C. double *pf = &f, f;	D. double f, pf = f;

3. 设变量定义为"int x, *p = &x;",则 & *p 相当于(　　)。
A. p　　　　　B. *p　　　　　C. x　　　　　D. *&x

4. 若在定义语句"int a, b, c, *p = &c;"之后，接着执行以下选项中的语句，则能正确执行的语句是(　　)。
A. scanf("%d", a, b, c);	B. scanf("%d%d%d", a, b, c);
C. scanf("%d", p);	D. scanf("%d", &p);

5. 以下语句中存在语法错误的是(　　)。
A. char ss[6][20]; ss[1] = "right?";	B. char ss[][20] = {"right?"};
C. char *ss[6]; ss[1] = "right?";	D. char *ss[] = {"right?"};

6. 若有定义"int x[10], *pt = x;",则对 x 数组元素的正确引用是(　　)。
A. *&x[10]　　B. *(x + 3)　　C. *(pt + 10)　　D. pt + 3

7. 设变量定义为"int a[4];",则表达式(　　)不符合 C/C++ 语言语法。
A. *a　　　　　B. a[0]　　　　C. a　　　　　D. a++

8. 设有定义"char *c;",以下选项中能够使字符型指针 c 正确地指向一个字符串的是(　　)。
A. char str[] = "string"; c = str;	B. scanf("%s", c);
C. c = getchar();	D. *c = "string";

9. 设有定义"char s[20] = "Bejing", *p;",则执行"p = s;"语句后，以下叙述不正确的是(　　)。
A. 可以用 *p 表示 s[0]
B. s 数组中元素的个数和 p 所指字符串长度相等
C. s 和 p 都是指针变量
D. 数组 s 中的内容和指针变量 p 中的内容相等

10. "char *p[10];"语句声明了一个(　　)。
A. 指向含有 10 个元素的一维字符型数组的指针变量 p
B. 指向长度不超过 10 的字符串的指针变量 p
C. 有 10 个元素的指针数组 p，每个元素可以指向一个字符串
D. 有 10 个元素的指针数组 p，每个元素存放一个字符串

11. 不正确的赋值或赋初值的方式是(　　)。
A. char str[] = "string";	B. char str[10]; str = "string";
C. char *p = "string";	D. char *p; p = "string";

12. 变量已正确定义并且指针 p 已经指向变量 x,则(*p)++ 相当于(　　)。
A. p++　　　　B. x++　　　　C. *(p++)　　　D. &x++

13. 设有定义 int (*f)(int);,则以下叙述正确的是(　　)。
A. f 是基类型为 int 类型的指针变量
B. f 是指向函数的指针变量,该函数具有一个 int 类型的形参
C. f 是指向 int 类型一维数组的指针变量

D. f 是函数名,该函数的返回值是基类型为 int 类型的地址

14. 下列程序的运行结果是(　　)。

```
#include<bits/stdc++.h>
using namespace std;

int main()
{
    int y;
    int a[] = {1, 2, 3, 4};
    int * p = &a[3];
    --p;
    y = * p;
    printf("y=%d\n", y);

    return 0;
}
```

A. y=0　　　　B. y=1　　　　C. y=2　　　　D. y=3

15. 下列程序的运行结果是(　　)。

```
#include<bits/stdc++.h>
using namespace std;

int main()
{
    char * a[] = {"abcd", "ef", "gh", "ijk"};
    for(int i = 0; i < 4; i ++)
        printf("%c", * a[i]);

    return 0;
}
```

A. aegi　　　　B. dfhk　　　　C. abcd　　　　D. abcdefghijk

16. 下列程序的运行结果是(　　)。

```
#include<bits/stdc++.h>
using namespace std;

int main()
{
    int m = 1, n = 2;
    int * p = &m, * q = &n;
    int * r;
    r = p;
    p = q;
    q = r;
    printf("%d,%d,%d,%d\n", m, n, * p, * q);

    return 0;
}
```

A. 1,2,1,　　　　B. 1,2,2,1　　　　C. 2,1,2,　　　　D. 2,1,1,2

17. 下列程序的运行结果是（   ）。

```
#include<bits/stdc++.h>
using namespace std;

void fun(int n, int *p);
int main()
{
    int s;
    fun(3, &s);
    printf("%d\n", s);

    return 0;
}
void fun(int n, int *p)
{
    int f1, f2;
    if(n ==1 || n ==2) *p =1;
    else
    {
        fun(n -1, &f1);
        fun(n -2, &f2);
        *p =f1 +f2;
    }
}
```

  A. 2   B. 3   C. 4   D. 5

18. 若有函数首部 int fun(double x[10], int * n)，则下面针对此函数的声明语句正确的是（   ）。

  A. int fun(double x, int * n);   B. int fun(double , int);

  C. int fun(double * x, int n);   D. int fun(double * , int *);

19. 以下函数声明（   ）是符合语法的，且在调用时可以将二维数组的名字作为实参传递给形参 a 。

  A. void QuickSort(int a[ ][10], int n);

  B. void QuickSort(int a[5][ ], int m);

  C. void QuickSort(int a[ ][ ], int n, int m);

  D. void QuickSort(int * * a, int n, int m);

第 10 章   结　　构

结构是一种用户自定义的数据类型,能将一种或多种数据类型集合在一起,形成新的数据类型,用来简化数据处理的问题。将原有的类型或结构利用 typedef 指令以更有意义的新名称来取代,可使程序可读性更高。

10.1　实　例　导　入

C/C++语言中的结构类型有什么用处? 我们来看下面的例 10.1。

【例 10.1】 已知有 5 个学生,学生信息由姓名(它由大小写字母构成,且长度不超过 15)和 3 门课(C 语言、英语、音乐)的成绩构成,求出每个学生的总成绩,并按总成绩降序排序后输出。输出时每个数据之间有一个空格,成绩均保留 1 位小数。

输入样例:

```
Zhangfen 93 91 89
Qiudong 60.5 72 75
Ningqiu 60 60.5 63
Baoshi 85 91.5 80
Yulu 80 81 82.5
```

输出样例:

```
Zhangfen 93.0 91.0 89.0 273.0
Baoshi 85.0 91.5 80.0 256.5
Yulu 80.0 81.0 82.5 243.5
Qiudong 60.5 72.0 75.0 207.5
Ningqiu 60.0 60.5 63.0 183.5
```

【分析】

学生的信息中有姓名,姓名是由大小写字母构成的,因为数组的每个元素都必须是相同的类型,所以为了表示学生的信息,则必须使用一个二维字符数组来存放学生的姓名和一个二维数值数组来存放学生的成绩。这样,在处理时,必须保证这两个数组信息的一致,比较麻烦。

为了避免这个麻烦,我们可以采用结构数组来存放学生的信息,这样处理时可以整体考虑,而且很容易保证信息的一致。

```
#include<bits/stdc++.h>
using namespace std;

const int N =6;
```

```
struct Student
{
    char name[20];                      //姓名,为字符数组
    double score[3];                    //3门课的成绩,为双精度浮点类型
    double sum;                         //总成绩,为双精度浮点类型
};
void input(Student a[], int n);
void selSort(Student a[], int n);
void output(Student a[], int n);

int main()
{
    Student a[N];                       //一维结构数组 a

    input(a, 5);                        //函数调用:用于输入数据
    selSort(a, 5);                      //函数调用:用于降序排序
    output(a, 5);                       //函数调用:用于输出数据

    return 0;
}
//输入数据
void input(Student a[], int n)
{
    double sum;
    for(int i =1; i <=n; i ++)
    {
        scanf("%s", a[i].name);

        //输入成绩的同时统计总成绩
        sum =0;
        for(int j =0; j <3; j ++)
        {
            scanf("%lf", &a[i].score[j]);
            sum =sum +a[i].score[j];
        }
        a[i].sum =sum;
    }
}
//选择排序。按总成绩降序排序
void selSort(Student a[], int n)
{
    int k;
    for(int i =1; i <n; i ++)
    {
        k =i;
        for(int j =i +1; j <=n; j ++)
            if(a[k].sum <a[j].sum)
                k =j;
        if(k !=i) swap(a[k], a[i]);
    }
}
//输出数据
void output(Student a[], int n)
```

```
    {
        for(int i =1; i <=n; i ++)
        {
            printf("%s ", a[i].name);
            //输出 3 门课的成绩
            for(int j =0; j <3; j ++)
                printf("%.1lf ", a[i].score[j]);
            printf("%.1lf\n", a[i].sum); //输出总成绩
        }
    }
```

通过对例 10.1 的分析和实现得出结论：C/C++语言中定义结构类型是为了处理方便。结构是一个或多个相关变量的集合，这些变量可能是不同的数据类型。

10.2 结构的基本知识

【例 10.2】 距离（TK21129）。输入 4 个浮点数 x1、y1、x2、y2，输出平面坐标系中点(x1,y1)到点(x2,y2)的距离。

输入一行，为 4 个浮点数 x1、y1、x2、y2，每两个数中间用空格隔开。输出两点间的距离，保留 3 位小数。

输入样例：

```
1 1 2 2
```

输出样例：

```
1.414
```

【分析】

点是最基本的对象，二维平面上的点是用 x 坐标和 y 坐标来表示的。我们可以定义一个点结构类型。

```
#include<bits/stdc++.h>
using namespace std;

struct Point                                    //点结构类型的定义
{
    double x;                                   //点的 x 坐标
    double y;                                   //点的 y 坐标
};

int main()
{
    double dist, dx, dy;
    Point p1, p2;                               //定义两个结构变量

    scanf("%lf%lf%lf%lf", &p1.x, &p1.y, &p2.x, &p2.y);  //输入数据

    dx =p1.x -p2.x, dy =p1.y -p2.y;
```

```
        dist =sqrt(dx * dx +dy * dy);              //求两点间的距离
        printf("%.3f\n", dist);                    //输出数据

        return 0;
    }
```

10.2.1 结构类型的定义

结构是用其他数据类型构造出来的派生数据类型。例如,例 10.2 中所定义的 struct Point 类型:

```
    struct Point                //点结构类型的定义
    {
        double x;               //点的 x 坐标
        double y;               //点的 y 坐标
    };
```

说明:

(1) 由关键字 struct 引入结构类型的定义。

(2) 关键字 struct 后面的标识符 Point 是结构名(也就是结构标记),用来命名一个结构类型。结构名是可选的,它代表花括号内的定义。通常构成结构名的每个单词的第 1 个字母大写。

(3) 结构定义的花括号内声明的变量是结构的成员。相同结构的成员必须具有独一无二的名称,而不同的结构它们的成员可以同名。但要避免为不同类型结构的成员使用相同的名称,以免造成混淆。

(4) 结构名与普通变量、结构的成员与普通变量均可以采用相同的名称,它们之间不会冲突,因为通过上下文分析总可以对它们进行区分。不过,从编程风格方面来说,通常只有密切相关的对象才会使用相同的名称。

(5) 结构定义的末尾是";"。

10.2.2 结构变量的定义

结构变量的定义类似其他类型(如 int、double 等)变量的定义。

1. 先定义结构类型再定义变量

如果结构定义中带有结构标记,那么以后就可以使用该结构标记来定义结构变量。例如:

```
    struct Point
    {
        double x;
        double y;
    };
    Point x, * ptr;
```

x 是 Point 类型的变量,ptr 是指向 Point 类型的指针。

从语法角度来说,这种定义方式与

```
int x, *ptr;
```

具有类似的意义,均将 x 与 ptr 定义为指定类型的变量。

2. 在定义结构类型的同时定义变量

通过在结构定义的右花括号和结束结构定义的分号之间加入逗号分隔的变量名列表,就可以定义结构类型的变量。例如:

```
struct Point
{
    double x;
    double y;
}x, *ptr;
```

假如结构定义的后面不带变量名列表,则不需要为它分配存储空间,它仅仅描述了一个结构的模板或轮廓,即创建了用于定义变量的新数据类型。

提示:①当创建结构类型时,一般都有结构标记;②如果结构标记有意义,那么有助于解释程序。

10.2.3 结构成员的访问

有两个运算符可用于访问结构成员:点运算符(.)和箭头运算符(->)。如果是结构变量,就用点运算符(结构变量.成员);如果是结构指针,就用箭头运算符(结构指针->成员)。

10.2.4 对结构变量的操作

可以在结构上执行的合法操作如下:
(1) 将结构变量赋给相同类型的结构变量;
(2) 获得结构变量的地址;
(3) 使用点运算符(.)或箭头运算行(->)来访问结构成员;
(4) 使用 sizeof 运算符来获得结构类型的大小。
例如:

```
Point p1, p2;
Point *ptr =&p1;
int length;
p1.x =100;
p1.y =200;
p2 =p1;                        //等同于执行了 p2.x =p1.x;  p2.y =p1.y;语句
length =sizeof(Point);         //length 获得了 Point 类型所占的字节数
```

由 sizeof 运算符获得结构类型的大小,可知结构的长度不一定等于各成员长度之和。因为不同的对象有不同的对齐要求。也就是说,有时候,因为计算机可能仅在某些内存边界上存储特定的数据类型,例如半个字、字或者双字边界,所以结构中可能会出现未命名的"空穴"(hole)。例如,假设 char 类型占用 1 字节,int 类型占用 4 字节,则下列结构:

```
struct What
{
```

```
        char c;
        int i;
    }sample;
```

可能需要 8 字节的存储空间,而不是 5 字节。使用 sizeof 运算符可以返回正确的对象长度,如 sizeof(What)。

假设 sample 的成员已经分别被赋值为字符"a"和整数 97。如果它的成员存储在字边界的开头处,则在 struct What 类型变量的存储空间中有 3 字节的空穴,如图 10-1 所示。

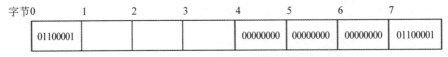

图 10-1 struct What 类型变量可能的存储对齐方式

"空穴"中的值是没有定义的。

注意:

(1) 同一个结构类型的不同结构变量之间才可以相互赋值。如果两个结构变量分属于不同的结构类型,即使它们的结构成员相同,也不能相互赋值。

(2) 除了两个相同结构类型的结构变量之间的赋值外,一般情况下,对结构的操作主要通过结构的成员来进行,而对结构成员能实施的操作由成员本身的类型决定。

(3) 不能使用运算符==和!=来比较结构变量。如上述的 sample1 和 sample2 的成员值如果相等,但可能在"空穴"中包含不同的值,所以结构比较并不一定相等。

(4) 因为特定类型的数据所占内存的大小依赖于计算机,而且存储对齐与计算机相关,所以结构的表示也与计算机相关。

10.2.5 结构变量的初始化

结构变量可以像数组一样,使用初始值列表来初始化,初始值列表用逗号分隔开。例如:

```
    Point p1 ={20, 100};
```

那么,p1.x = 20、p1.y = 100。

如果是部分初始化,即列表中初始值的个数少于结构成员的个数,那么剩余的结构成员根据自身的数据类型而初始化为不同的值。如果结构成员是数值类型,则初始化为 0;如果结构成员是字符类型,则初始化为'\0';如果结构成员是字符数组,则字符数组的每个元素均初始化为'\0';如果结构成员是指针,则初始化为 NULL;等等。例如:

```
    struct Student
    {
        char number[20];          //学号
        char name[20];            //姓名
        char sex;
        double score;             //成绩
        struct Student * ptr;     //指向自身的指针
    }s1 ={"000101"};
```

那么，s1.number = "000101"，s1.name = ""，s1.sex = '\0'，s1.score = 0，s1.ptr = NULL。

在不进行显式初始化的情况下，外部结构变量和静态结构变量都将被隐式初始化，所获得的值与上述结构变量的部分初始化一样。

10.2.6 结构的嵌套

结构的成员可以是基本数据类型（如 int、double 等）的变量，也可以是派生数据类型（如数组或其他结构）的变量。

如果结构的成员是其他结构，这种情况称为结构的嵌套。例如，用对角线上的两个点来定义矩形结构：

```
struct Point
{
    double x;
    double y;
};
struct Rectangle
{
    Point p1;
    Point p2;
};
```

嵌套结构的成员访问方法和一般成员的访问方法类似。例如：

```
Rectangle screen;           //定义 Rectangle 类型的变量 screen
screen.p1.x                 //访问变量 screen 的成员 p1 的 x 坐标
```

也就是说，对结构的嵌套来说，按从左到右、从外到内的方式访问每个分量。

但是结构不能包含它自身的实例，例如，不能在 Student 的定义中声明 Student 类型的变量，而可以包含指向 struct Student 类型的指针

```
struct Student
{
    char number[20];         //学号
    char name[20];           //姓名
    char sex;
    double score;            //成绩
    struct Student * ptr;    //指向自身的指针
};
```

这种包含了自身结构类型指针的成员的结构称为自引用结构。自引用结构用来建立不同类型的链接数据结构，如链表、队列、栈和树等。

10.3 结构数组

结构数组是指数组元素的类型是同一个结构类型。结构数组既可以在定义结构类型的同时定义，也可以先定义结构类型再定义数组。

对结构数组的初始化，可以按照结构成员初始化或者赋值的方法进行，例如：

```
struct Student
{
    char number[20];
    char name[20];
    char sex;
    double score;
}stu[3] = {{"99101", "Li", 'M', 87.5}, {"99102", "Zhou Fun", 'M', 99}};
```

如果结构数组是部分被初始化，则剩余的数组元素的初始化与对结构变量的初始化一样。如上面数组 stu 是部分初始化，它的第 3 个数组元素的成员所获得的值如下：

```
stu[2].number = ""
stu[2].name = ""
stu[2].sex = '\0'
stu[2].score = 0
```

【例 10.3】　月饼（PAT 乙级 1020）。月饼是中国人在中秋佳节时吃的一种传统食品，不同地区有许多不同风味的月饼。现给定所有种类月饼的库存量、总售价及市场的最大需求量，请你计算可以获得的最大收益是多少。

每个输入包含一个测试用例。每个测试用例先给出一个不超过 1000 的正整数 N 表示月饼的种类数及不超过 500（以万吨为单位）的正整数 D 表示市场最大需求量。随后一行给出 N 个正数表示每种月饼的库存量（以万吨为单位）；最后一行给出 N 个正数表示每种月饼的总售价（以亿元为单位）。数字间以空格分隔。

对每组测试用例，在一行中输出最大收益（以亿元为单位并精确到小数点后 2 位）。

输入样例：

```
3 20
18 15 10
75 72 45
```

输出样例：

```
94.50
```

【分析】
要获取最大收益，我们采用贪心思想，先销售单价高的月饼。实现时采用结构数组存放每种月饼的信息，然后按每种月饼的单价从高到低排序。

```cpp
#include<bits/stdc++.h>
using namespace std;

const int N = 1010;
struct MoonCake
{
    double x, y, z;                       //库存量、总售价、单价
    bool operator <(const MoonCake &w) const
    {
        return z > w.z;                   //按单价降序排序
```

```
        }
    }a[N];

    int main()
    {
        int n;
        double d;
        cin >>n >>d;
        for(int i =1; i <=n; i ++) cin >>a[i].x;
        for(int i =1; i <=n; i ++)
        {
            cin >>a[i].y;
            a[i].z =1.0 * a[i].y / a[i].x;
        }
        sort(a +1, a +n +1);

        double sum =0;
        for(int i =1; i <=n; i ++)
        {
            if(d >=a[i].x)
            {
                sum +=a[i].y;
                d -=a[i].x;
            }
            else
            {
                sum +=a[i].z * d;
                break;
            }
        }
        printf("%.2f\n", sum);

        return 0;
    }
```

【例10.4】 成绩排序(信息学奥赛一本通1178)。给出班里某门课的成绩单,请你按成绩从高到低对成绩单排序输出,如果有相同分数,则名字字典序小的在前。

输入第一行为 n (0 < n < 20),表示班里的学生数目;接下来的 n 行,每行为每个学生的名字和成绩,中间用单个空格隔开。名字只包含字母且长度不超过 20,成绩为一个不大于 100 的非负整数。

把成绩单按成绩从高到低的顺序进行排序并输出,每行包含名字和成绩两项,名字和成绩之间有一个空格。

输入样例:

```
4
Kitty 80
Hanmeimei 90
Joey 92
Tim 28
```

输出样例:

```
Joey 92
Hanmeimei 90
Kitty 80
Tim 28
```

```cpp
#include<bits/stdc++.h>
using namespace std;

const int N =30;
struct Student
{
    string name;
    int score;
    bool operator <(const Student &w) const
    {
        if(score !=w.score) return score >w.score;
        return name <w.name;
    }
}stu[N];

int main()
{
    int n;
    cin >>n;
    for(int i =1; i <=n; i ++)
        cin >>stu[i].name >>stu[i].score;
    sort(stu +1, stu +n +1);
    for(int i =1; i <=n; i ++)
        cout <<stu[i].name <<" " <<stu[i].score <<endl;

    return 0;
}
```

10.4 结 构 指 针

结构指针就是指向结构类型的指针变量。例如：

```
Point * p;
```

将 p 定义为一个指向 Point 类型的指针。*p 即为该结构，而(*p).x 和(*p).y 则是该结构的成员。其中,(*p).x 中的圆括号是必需的,因为结构成员运算符"."的优先级高,表达式 *p.x 的含义等价于 *(p.x),而 x 不是指针,所以该表达式是非法的。

点运算符"."和箭头运算符"->"的优先级相同,结合性是从左至右,所以,对于下面的声明：

```
struct Point
{
    double x;
    double y;
```

```
};
struct Rectangle
{
    Point p1;
    Point p2;
};
Rectangle r, * rp = &r;
```

表达式 r.p1.x、(r.p1).x、rp —> p1.x 与(rp —> p1).x 均是等价的。

【例 10.5】 写出下列程序的运行结果。

```
1   #include<bits/stdc++.h>
2   using namespace std;
3
4   int main()
5   {
6       struct Point
7       {
8           int x, y;
9       }a[4] = {{1, 2}, {3, 3}, {5, 10}, {12, 8}}; //定义结构数组并初始化
10      struct Point * p = a;
11
12      printf("%d ", p ++ -> x);
13      printf("%d ", ++p -> y);
14      printf("%d\n", (a + 3) -> x);
15
16      return 0;
17  }
```

运行结果：

1 4 12

【运行结果分析】

(1) 第 12 行的 p ++ —> x：先读取指针 p 指向的对象，然后再执行 p 的加 1 操作。

(2) 第 13 行的++ p —> y：先读取指针 p 指向的对象，然后再对 p 指向的对象执行加 1 操作。

(3) 第 14 行的(a + 3) —> x：读取相对指针 a 向下 3 个单元的对象。

10.5　typedef

关键字 typedef 提供了一种机制，为已定义的数据类型创建别名。例如：

```
typedef int Length;
```

将 Length 定义为与 int 具有同等意义的名称。它可用于变量定义、类型转换等，它和类型 int 完全相同，例如：

```
Length a, b;
Length * lengths[10];
```

用 typedef 是为已定义的数据类型创建别名,而不是创建新类型。例如,需用 4 字节整型的程序可能在一个系统上使用 int 类型,而在另一个系统上使用 long 类型。具有可移值性的程序经常使用 typedef 来为 4 字节整型创建别名,例如,typedef int Integer,这样可以在程序中只修改一次,就使得程序在两个系统上都可以运行。

结构类型的名称通常用 typedef 定义,以建立较短的类型名称,例如:

```
typedef struct
{
    int year;
    int month;
    int day;
}Date;
```

注意:

(1) typedef 中定义的类型在变量名的位置出现。typedef 在语法上类似存储类 extern、static 等。

(2) 一般作为 typedef 定义的类型名每个单词的首字母大写,以示区别。

(3) 实际上,typedef 类似#define 语句,但由于 typedef 是由编译器解释的,因此它的文本替换功能要超过预处理器的能力。

(4) 除了表达方式更简洁之外,使用 typedef 还有另外两个重要原因:一是它可以使程序参数化,以提高程序的可移植性;二是它为程序提供了更好的说明。

10.6 结构与函数

我们可以把单个结构成员、整个结构或者结构指针传递给函数。这里,仍然符合 C/C++语言是以传值的方式将参数值传递给被调用函数的规范。

结构是一种用户自定义的数据类型,并不是 C/C++语言的基本数据类型。在函数中传递结构类型时,要在全局范围内先进行声明,其他函数才可以使用这种结构类型来定义变量。

【例 10.6】 一年中的第几天(TK14044)。给定一个具体的日期,请输出这一天是当年的第几天。

输入一行,为年-月-日。输出一行,只有一个整数,表示这一天为那一年的第几天。

输入样例:

```
2014-12-31
```

输出样例:

```
365
```

【分析】

此题要注意闰年和非闰年的情况,非闰年时 2 月是 28 天,闰年时 2 月是 29 天,其他月份的天数相同。我们可以定义一个二维数组来表示每个月的天数,如图 10-2 所示。

这样,当为非闰年时,使用第 0 行数据;当为闰年时,使用第 1 行数据。

	0	1	2	3	4	5	6	7	8	9	10	11	12
非闰年，第0行	0	31	28	31	30	31	30	31	31	30	31	30	31
闰年，第1行	0	31	29	31	30	31	30	31	31	30	31	30	31

图10-2 二维数组

```cpp
#include<bits/stdc++.h>
using namespace std;

typedef struct
{
    int year;
    int month;
    int day;
}Date;
int calc(Date x);                    //函数声明

int main()
{
    Date x;
    scanf("%d-%d-%d", &x.year, &x.month, &x.day);
    printf("%d\n", calc(x));

    return 0;
}
int calc(Date x)
{
    /*二维数组tab,
    第0行,对应非闰年时每月的天数;第1行,对应闰年时每月的天数*/
    int tab[2][13]={
        {0, 31, 28, 31, 30, 31, 30, 31, 31, 30, 31, 30, 31},
        {0, 31, 29, 31, 30, 31, 30, 31, 31, 30, 31, 30, 31}
    };
    int leap = ((x.year %4 ==0 && x.year %100 !=0) || (x.year %400 ==0));
    int day =x.day;
    for(int i =1; i <x.month; i ++)
        day =day +tab[leap][i];

    return day;
}
```

10.7 单 链 表

链表是通过自引用结构的指针链接而形成的线性集合,这些结构称为结点,结点可以包含任意类型的数据,甚至包含其他结构。

链表的每个结点都是根据需要而创建的。链表的结点通常在内存中是不连续存储的,然而,从逻辑上来说,链表的结点是连续的。

为了正确地表示结点间的逻辑关系,必须在存储每个数据元素值的同时,存储指示其后继结点的地址信息。所以结点包括两个域:数据域和指针域。数据域用来存储结点的值,可有多个数据；指针域用来存储数据元素的直接后继的地址或直接前驱的地址，可有多个指针。

图 10-3 单链表的结点结构

链表分为单链表和双链表。这里我们只介绍单链表，即指针域只有一个指针。单链表的结点结构如图 10-3 所示。

为了操作方便，可以在单链表的第一个结点之前附设一个头结点。头结点的数据域可以存储一些关于链表长度的附加信息，也可以什么都不存储，头结点的指针域中的指针存储指向第一个结点的地址。头指针指向头结点。

如果单链表为空，则头结点的指针域中的指针为"空"。带头结点的空单链表和非空单链表如图 10-4 所示。

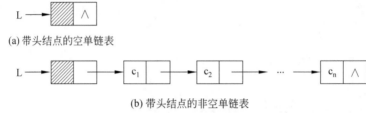

图 10-4 带头结点的空单链表和非空单链表

对单链表的操作有创建、输出、插入与删除等常用操作。在介绍这些操作之前，我们首先声明一个结构：

```
typedef struct Student
{
    int number;
    double score;                  数据域，有两个数据
    struct Student * next;         指针域，有一个指针，用于存储直接后继的地址
}Student;
```

10.7.1 单链表的创建

单链表的创建就是创建带头结点的空单链表。

```
Student * createList()
{
    Student * L;
    L = new Student;
    L -> next = NULL;
    return L;
}
```

10.7.2 单链表的输出

输出链表，就是将链表中的各结点的数据依次输出，这需要遍历整个链表，步骤如下：

Step1 首先要知道单链表的头指针，然后设一个指针变量 p，让它指向第一个结点。
Step2 如果 p 为非空，则输出 p 所指向的结点的数据，然后执行 Step3；否则结束。
Step3 使 p 后移，指向下一个结点。重复 Step2。

```
void outputList(Student * L)
{
    Student * p;
    p = L -> next;              //指针变量 p 指向第一个结点
    while(p != NULL)
    {
        printf("%d %.1f\n", p -> number, p -> score);
        p = p -> next;          //后移一位,指向下一个结点
    }
}
```

10.7.3 单链表的插入

单链表的插入是指将新结点按要求插入一个已有的链表中。插入结点的原则：先链接，后断开。

单链表的插入一般有三种情况：

(1) 插入的结点作为单链表的第 1 个结点，称为头插法；
(2) 插入的结点作为单链表的尾结点，称为尾插法；
(3) 插入的结点按要求插在指定的位置，这种情况包括了前面两种。

接下来我们分别讨论它们的实现。

1. 头插法

头插法创建单链表的过程如图 10-5 所示。

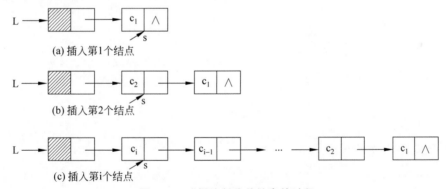

图 10-5　头插法创建单链表的过程

```
void insertHead(Student * L, int number, double score)
{
    Student * s;

    s = new Student;            //开辟空间
    s -> number = number;
    s -> score = score;

    //链接
    s -> next = L -> next;
```

```
        L ->next =s;
    }
```

2. 尾插法

尾插法创建单链表的过程如图 10-6 所示。

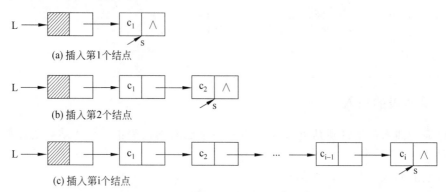

图 10-6 尾插法创建单链表的过程

```
void insertTail(Student * L, int number, double score)
{
    Student * pre, * p, * s;

    //找尾部
    pre =L;
    p =L ->next;
    while(p !=NULL)
    {
        pre =p;
        p =p ->next;
    }

    s =new Student;              //开辟空间
    s ->number =number;
    s ->score =score;

    //链接
    s ->next =pre ->next;
    pre ->next =s;
}
```

3. 按要求插在指定的位置

假设,链表上的结点按学号由小到大排列,新结点插入后要保证此排列顺序不变,步骤如下:

> Step1 引进一个辅助指针 pre,它将指向新结点将插入的位置的前驱。
> Step2 查找插入位置。
> Step3 插入新结点。

```
//链表的插入函数
```

```
void insertList(Student * L, int number, double score)
{
    Student * pre, * p, * s;

    //查找插入位置
    pre = L;                              //pre 指向头结点
    p = L -> next;
    while(p != NULL && p -> number < number)
    {
        pre = p;
        p = p -> next;                    //p 后移,准备扫描下一个结点
    }

    s = new Student;                      //开辟空间
    s -> number = number;
    s -> score = score;

    //插入新结点
    s -> next = pre -> next;
    pre -> next = s;
}
```

10.7.4 单链表的删除

单链表的删除是指从链表中删除符合要求的结点,即把该结点从链表中分离出来,撤销原来的链接关系而建立新的链接关系。删除结点的原则:先链接,后断开。

在带头结点的单链表 L 中删除符合要求的结点,步骤如下:

> Step1　引进一个辅助指针 pre,它将指向将要被删除的结点的前驱。
> Step2　查找将要被删除的结点。
> Step3　如果找到,删除此结点并返回 1;否则返回 0。

```
//链表的删除函数。要删除指定的学号
int deleteList(Student * L, int number)
{
    Student * pre, * p;

    //查找将要被删除的结点
    pre = L;
    p = L -> next;
    while(p != NULL && p -> number != number)
    {
        pre = p;
        p = p -> next;
    }

    if(p == NULL) return 0;
    else                                  //被删除的结点存在,并且 p 指向它
```

```
        {
            pre ->next =p ->next;
            delete p;
            return 1;
        }
    }
```

10.7.5 链表的综合操作

【例 10.7】 已知有 N 个学生,学生的信息由学号、1 门课的成绩构成。现要求:①创建一个包含 N 个学生的单链表;②输出单链表中所有学生的数据;③从单链表中删除符合要求的结点。

输入样例:

```
1 90
3 85
6 93
10 67
0
3
0
```

输出样例:

```
链表的创建。
输入学号和分数,生成结点挂到链表上,直到输入的学号为 0 为止。
1 90.0
3 85.0
6 93.0
10 67.0
链表的删除。
输入学号,删除与此学号相符的结点,直到输入 0 为止。
1 90.0
6 93.0
10 67.0
```

【分析】

将以上单链表的创建、输出、插入、删除函数组织在一个程序中,用 main() 函数作主调函数。

```
#include<bits/stdc++.h>
using namespace std;

int main()
{
    int number;
    double score;
    Student * L;

    printf("链表的创建。\n");
```

```
        L =createList();                    //创建一个空的单链表
        printf("输入学号和分数，生成结点挂到链表上，直到输入的学号为 0 为止。\n");
        while(scanf("%d", &number) && number !=0)
        {
            scanf("%lf", &score);
            insertList(L, number, score);
        }

        outputList(L);                      //输出链表

        printf("链表的删除。\n");
        printf("输入学号，删除与此学号相符的结点，直到输入 0 为止。\n");
        while(scanf("%d", &number) && number !=0)
        {
            deleteList(L, number);
        }
        outputList(L);                      //输出链表

        return 0;
    }
```

本程序执行时的主要步骤如下。

（1）链表的创建。在链表上，依次插入学号为 1、3、6、10 的结点，如图 10-7 所示。

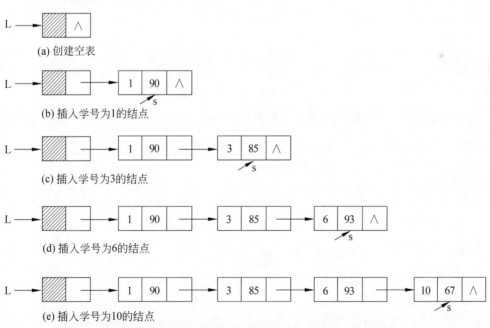

图 10-7 单链表的创建：插入结点时要保证学号由小到大

（2）链表的删除。删除学号为 3 的结点，如图 10-8 所示。

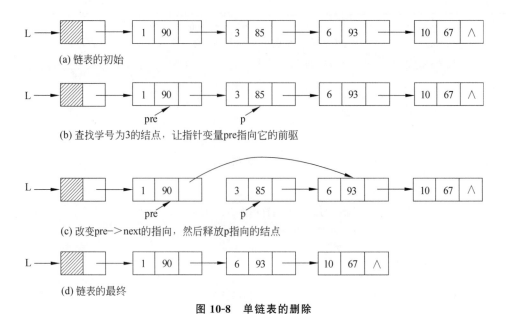

图 10-8 单链表的删除

10.8 应 用 实 例

【例 10.8】 学生信息由学号、姓名、性别、3 门课的成绩、平均成绩和总成绩构成。学生数不超过 100。写一个处理学生信息的程序，要求有如下功能：

（1）插入学生信息，命令格式如下：

```
Insert number name sex score1 score2 score3
```

表示插入一个学生信息。插入后显示插入的学生信息，格式如下：

```
学号 姓名 性别 成绩 1 成绩 2 成绩 3 平均成绩 总成绩
```

说明：数据中间由一个空格分开，成绩保留一位小数。

（2）显示所有学生信息，命令格式如下：

```
List
```

按照输入的顺序依次显示所有学生信息，每个学生信息一行，格式如下：

```
学号 姓名 性别 成绩 1 成绩 2 成绩 3 平均成绩 总成绩
```

说明：数据中间由一个空格分开，所有成绩保留一位小数。

（3）退出程序，命令格式如下：

```
Quit
```

输出"Good bye!"后结束程序。输入的最后一条命令总是 Quit。

输入样例：

```
Insert 09002 wangwu M 78 72 77.5
```

```
Insert 09003 lisi M 68 62 67.5
Insert 09001 zhanghong F 78 82 87.5
List
Quit
```

输出样例：

```
09002 wangwu M 78.0 72.0 77.5 75.8 227.5
09003 lisi M 68.0 62.0 67.5 65.8 197.5
09001 zhanghong F 78.0 82.0 87.5 82.5 247.5
09002 wangwu M 78.0 72.0 77.5 75.8 227.5
09003 lisi M 68.0 62.0 67.5 65.8 197.5
09001 zhanghong F 78.0 82.0 87.5 82.5 247.5
Good bye!
```

10.8.1 用结构数组实现

```cpp
#include<bits/stdc++.h>
using namespace std;

//第1步：声明结构
typedef struct Student
{
    string number, name, sex;          //学号、姓名、性别
    double score[3];                   //3门课成绩
    double ave, sum;                   //平均成绩、总成绩
}Student;
//第2步：写一个函数,用于输入单个学生信息
void inputSingle(Student &p)           //引用
{
    cin >>p.number >>p.name >>p.sex;
    p.sum = 0;
    for(int j =0; j <3; j ++)
    {
        scanf("%lf", &p.score[j]);
        p.sum +=p.score[j];
    }
    p.ave =p.sum / 3;
}
//第3步：写一个函数,用于输出单个学生信息
void outputSingle(Student p)
{
    cout <<p.number <<" " <<p.name <<" " <<p.sex <<" ";
    for(int j =0; j <3; j ++)
        printf("%.1f ", p.score[j]);
    printf("%.1f %.1f\n", p.ave, p.sum);
}
//第4步：写一个函数,用于输出 n 个学生信息
```

```
        void outputArray(Student p[], int n)
        {
            for(int i = 0; i < n; i ++)
                outputSingle(p[i]);
        }
        //第 5 步：写 main()函数进行测试
        int main()
        {
            string order;
            Student s;
            Student stu[110];

            int n = 0;
            while(true)
            {
                cin >> order;
                if(order == "Insert")
                {
                    inputSingle(s);
                    outputSingle(s);
                    stu[n ++] = s;
                }
                else if(order == "List")
                {
                    outputArray(stu, n);
                }
                else
                {
                    printf("Good bye!\n");
                    break;
                }
            }

            return 0;
        }
```

10.8.2　用单链表实现

```
        #include<bits/stdc++.h>
        using namespace std;

        //第 1 步：声明结构
        struct Student
        {
            string number, name, sex;        //学号、姓名、性别
            double score[3];                 //3 门课的成绩
            double ave, sum;                 //平均成绩、总成绩
            struct Student * next;           //指针域。只有一个指针
        };
        //第 2 步：写一个函数,用于输入单个学生信息
```

```cpp
void inputSingle(Student * p)
{
    cin >> p->number >> p->name >> p->sex;
    p->sum = 0;
    for(int j = 0; j < 3; j++)
    {
        scanf("%lf", &p->score[j]);
        p->sum += p->score[j];
    }
    p->ave = p->sum / 3;
}
//第 3 步：写一个函数，用于输出单个学生信息
void outputSingle(Student * p)
{
    cout << p->number << " " << p->name << " " << p->sex << " ";
    for(int j = 0; j < 3; j++)
        printf("%.1f ", p->score[j]);
    printf("%.1f %.1f\n", p->ave, p->sum);
}
//第 4 步：写一个函数，用于创建带头结点的空单链表
Student * createList()
{
    Student * L;
    L = new Student;
    L->next = NULL;
    return L;
}
//第 5 步：写一个函数，用于在单链表中插入结点
void insertTail(Student * L, Student * s)
{
    Student * pre, * p;

    //找尾部
    pre = L;
    p = L->next;
    while(p != NULL)
    {
        pre = p;
        p = p->next;
    }

    //链接
    s->next = pre->next;
    pre->next = s;
}
//第 6 步：写一个函数，用于输出单链表
void outputList(Student * L)
{
    Student * p;
    p = L->next;
    while(p != NULL)
    {
        outputSingle(p);
```

```
            p = p -> next;                           //p后移一位,指向下一个结点
    }
}
//第 7 步:写 main()函数,用于进行测试
int main()
{
    string order;
    Student * L, * s;

    L = createList();                                //创建带头结点的空单链表

    while(true)
    {
        cin >> order;
        if(order == "Insert")
        {
            s = new Student();
            inputSingle(s);
            outputSingle(s);
            insertTail(L, s);
        }
        else if(order == "List")
        {
            outputList(L);
        }
        else
        {
            printf("Good bye!\n");
            break;
        }
    }

    return 0;
}
```

练 习 10

程序设计题

1. 给定一组点(最多 31 个点),求距离最远的两个点之间的距离,结果保留 4 位小数。
输入样例:

```
6
34.0 23.0
28.1 21.6
14.7 17.1
17.0 27.2
34.7 67.1
29.3 65.1
```

输出样例:

```
53.8516
```

2. 复制结构体(信友队 7220)。有一个长度为 n 的数组,共有 m 次修改:一次修改用 u、v 修改数组中的一个元素,将数组的第 u 个元素的值修改为 v。再给一个长度为 m 的排列 A,表示第 i 个输出的是第 A 次修改后的数组。

输入第一行为两个正整数 n、m,意义如上;第二行为 n 个整数,表示数组初始状态;接下来的 m 行,每行两个整数表示一次修改;最后一行 m 个正整数表示一个排列。

输出共 m 行,每行 n 个整数,描述修改后的数组。

输入样例:

```
3 3
1 2 3
1 2
2 3
3 4
2 3 1
```

输出样例:

```
2 3 3
2 3 4
2 2 3
```

3. 统计数字(洛谷 P1097)。某次科研调查时得到了 n 个自然数,每个数均不超过 1.5×10^9。已知不相同的数不超过 10^4 个,现在需要统计这些自然数各自出现的次数,并按照自然数从小到大的顺序输出统计结果。

输入共 n+1 行。第一行是整数 n,表示自然数的个数;第 2~n+1 行,每行一个自然数。

输出共 m 行(m 为 n 个自然数中不相同数的个数),按照自然数从小到大的顺序输出。每行输出 2 个整数,分别是自然数和该数出现的次数,其间用一个空格隔开。

输入样例:

```
8
2
4
2
4
5
100
2
100
```

输出样例:

```
2 3
4 2
5 1
100 2
```

4. 翻箱倒柜(PAT2024 跨年-8)。翻箱倒柜找东西,我们只知道尺寸不知道颜色,所以就要请你从这些盒子的记录中快速找出需要的盒子的编号及颜色。

输入第一行给出一个正整数 N(N≤10^5)，为盒子的总数。随后的 N 行，每行列出一个盒子的长、宽、高、颜色值。再后面是查询数量 K(K≤100)，随后的 K 行，每行给出一个需要查询的盒子的长、宽、高。

这里所有尺寸都是不超过 10^9 的正整数，颜色值按 RRR.GGG.BBB 格式给出，三个分值都在 [0, 255] 区间内。同一行中的数字以空格分隔。题目保证给出的 N 个盒子的尺寸都不相同，即不存在两个盒子具有相同的长、宽、高。盒子的编号按输入顺序从 1 开始递增。

对每个查询的盒子，在一行中输出其编号及颜色（与输入格式相同）。如果这个尺寸的盒子不存在，则输出 Not Found。

输入样例：

```
10
15 23 23 000.255.136
12 32 15 255.000.092
29 32 15 000.000.255
15 23 25 255.255.000
10 15 23 000.000.000
12 17 15 255.255.255
15 10 23 023.189.163
29 32 33 233.069.215
9 31 987 179.002.031
40 15 23 230.000.000
6
15 23 23
12 17 15
29 32 33
10 15 15
15 32 12
9 31 987
```

输出样例：

```
1 000.255.136
6 255.255.255
8 233.069.215
Not Found
Not Found
9 179.002.031
```

5. 新年烟花（PAT2024 跨年-6）。新年来临，许多地方会举行烟花庆典庆祝。小 C 也想参加庆典。活动场地可视作一个 N×M 的矩阵，其中有一些格子是空的，另外有一些格子则被人或者建筑物占领了。烟花会在一些格子上开始燃放，一个空的格子是一个对小 C 而言的优秀的观赏位置，当且仅当从这个格子能看到三个及以上不同格子上燃放的烟花。从一个格子能看到一个燃放的烟花，指的是：

- 格子与烟花在同一行或同一列；
- 格子与烟花的连线上的所有格子，要么是空格子，要么格子上的任何物体的高度小于小 C 的身高。

现在给定活动场地的情况以及小 C 的身高，请找到所有对小 C 而言的优秀的观赏位置,并输出能看到最多的烟花的格子的坐标。

输入格式:

输入第一行是三个正整数 N、M、H(1≤N,M≤50,1≤H≤210),表示活动场地矩阵大小为 N×M,小 C 的身高为 H。接下来的 N 行,每行 M 个整数,整数的含义如下:

- 如果是一个正整数,则表示该格子被人或建筑物占据,高度为对应的值。
- 如果是一个负整数,则表示该格子用于燃放烟花。所有燃放烟花的格子视为没有高度。
- 如果是 0,则表示该格子是空格子。

所有整数的绝对值不超过 500。

输出格式:

输出第一行是一个正整数,表示对小 C 而言的优秀观赏位置有多少个。

接下来输出能看到最多的燃放烟花的格子的坐标(X,Y),即格子在第 X 行、第 Y 列,数字间以 1 个空格分隔。当存在多组坐标时,只输出最小的那组,即输出 X 最小的解;X 相同时输出 Y 最小的解。

矩阵左上角坐标为(0,0),保证至少存在一个对小 C 而言的优秀观赏位置。

输入样例:

```
10 10 175
0 0 0 0 0 0 0 0 0 0
0 50 0 180 -100 180 0 70 30 0
0 30 0 0 300 0 0 0 0 0
0 250 0 0 -100 0 0 0 0 0
0 -100 174 0 0 0 169 -100 0 0
0 -100 0 0 0 0 0 -100 0
0 -1 0 170 0 0 0 0 0 0
0 5 0 0 300 0 0 0 0 0
0 20 0 0 -100 0 0 0 0 0
0 0 0 0 0 0 0 0 0 0
```

输出样例:

```
6
3 8
```

6. **家族迁徙**(信友队 15900)。由于环境破坏,鱼大大家的环境变得不再适合居住。鱼大大家族需要举族迁徙。为了路途上的安全,鱼大大需要合理地将族人排队迁徙。鱼大大要求所有家族成员报上身份信息号码,以此提取有效信息进行排队。鱼大大家族的身份信息号码是 18 位身份证号码+2~7 位能力数值组成的长度为 20~25 的纯数字串。其中的数字含义:

前 6 位为该鱼出生所在的区域;第 7~10 位为该鱼出生年份;第 11~14 位为该鱼出生日期;第 15、16 位为该鱼出生编号;第 17 位为该鱼的性别(奇数为男,偶数为女);第 18 位为该鱼身份证号码的识别信息;第 19 位到末尾的数字为该鱼的能力数值。

经过深思熟虑后,鱼大大认为在他的带领下,按以下的排队顺序迁徙是最安全的。

(1) 小孩子安排在队伍的最前面,其中年龄越小越靠前。

(2) 老年鱼紧跟其后排在中间,其中年龄越大越靠前。

(3) 成年鱼则在最后，根据女士优先原则，让所有女性排在男性前面，其中年龄越小的女性越靠前，而男性则根据其能力先后排队，能力越大则越靠后(其中年龄只按年份计算，当前年份(2000)－出生年份即为年龄，小于 100 为小孩子，大于 1000 为老年鱼，其余为成年。若小孩子、老年鱼、成年女性年龄相等，则按报到顺序先后排队，若成年男性能力相等，则按报到顺序先后排队)。

现在请你帮忙一起安排队伍的先后顺序，并将排好的队伍输出。

输入第一行为一个整数 n，表示鱼大大家族的成员人数；接下来的 n 行，每行两个字符串，分别表示该成员的姓名(长度不超过 20)和该成员的身份信息号码(长度不超过 25)。

输出 n 行，每行一个字符串，分别为排好队的每位成员的姓名。

输入样例：

```
8
hong 29534619900123913540
ming 83982410631204861785
huan 33100305430101003403
feng 33100312340101003403
shyg 93420319501231380867
lbao 32687800510512982085
FijK 32687111111111982085
CSRO 84758117870908934072
```

输出样例：

```
hong
shyg
lbao
huan
CSRO
FijK
feng
ming
```

7. 单词统计。给定一段文章，每行不超过 1000 个字符，统计文章中每个单词出现的频数，忽略大小写差异。注意：单词的不同形态看作不同的单词，不考虑连字符，所有非大小写字母都视为只起到分割作用。

输入第一行为一个整数 T，表示数据的组数。对于每组数据以一个独占一行的句号('.')结束。

对于每组测试数据：输出第一行为一个整数 n，表示文章中出现的单词的总数；接下来的 n 行按字母顺序从小到大输出文章中出现的单词(全部以大写字母表示)和出现的频数。

输入样例：

```
2
Hello World!
.
Abc abc-cde aa1bb2cc3 aas'(test)...
```

输出样例：

```
2
HELLO 1
WORLD 1
7
AA 1
AAS 1
ABC 2
BB 1
CC 1
CDE 1
TEST 1
```

8. 字符串排序。给定一组字符串,按指定的排序方式输出这些字符串。排序可以是自然升序(inc)、自然逆序(dec)、忽略大小写升序(ncinc)、忽略大小写逆序(ncdec)等。

输入有多行,第一行为一个表明排序方式的字符串,第二行为字符串的数目。其余各行每行一个字符串(字符串的长度不超过100)。字符串中间可能有空格,前后也可能有空格,但排序时忽略前后的空格,而输出时仍然保留。

输出也有多行,按指定的排序方式输出那些输入的字符串。

输入样例:

```
ncdec
3
Hello World!
You're right!
haha! you're wrong!
```

输出样例:

```
You're right!
Hello World!
haha! you're wrong!
```

第 11 章 位 运 算

C/C++语言与其他高级语言相比,一个比较有特色的地方就是位运算,利用位运算可以实现很多汇编语言才能实现的功能。

位运算符只能处理带符号或无符号的整数操作数,如 char、short、int 与 long 类型,通常位运算符用来处理无符号整数。

11.1 原码、反码和补码

计算机内部处理的信息,都是采用二进制(binary)来表示的,二进制数用 0 和 1 两个数字及其组合来表示任何数。进位规则是"逢 2 进 1"。

在计算机系统中,数值一律用补码来表示(存储)。主要原因是,使用补码可以将符号位和其他位统一处理;同时,减法也可按加法来处理。另外,两个用补码表示的数相加时,如果最高位(符号位)有进位,则进位被舍弃。

对于有符号的数而言,二进制的最高位是符号位:0 表示正数,1 表示负数。

已知一个数的原码,求补码的操作分两种情况:

(1) 如果原码的符号位为"0",表示是一个正数,则补码就是该数的原码。

(2) 如果原码的符号位为"1",表示是一个负数,求补码的操作为:符号位为 1 保持不变,其余各位取反,然后再整个数加 1。

假设,整型为 32 位。那么-2 的原码、反码和补码如下:

原码: 1000 0000 0000 0000 0000 0000 0000 0010
反码: 1111 1111 1111 1111 1111 1111 1111 1101
补码: 1111 1111 1111 1111 1111 1111 1111 1110

0 的反码、补码都是 0。

11.2 位 运 算 符

C 语言提供了 6 个位运算符:与(&)、或(|)、异或(^)、取反(~)、左移(<<)和右移(>>)。与运算符、或运算符和异或运算符均是逐位比较它们的两个操作数。

11.2.1 与运算符

与运算符(&)是双目运算符,其功能是参与运算的两个操作数各对应的二进位相与。只有对应的两个二进位均为 1,结果位才为 1,否则为 0。即 0 & 0=0,0 & 1=0,1 & 0=

0,1＆1＝1。两个操作数以补码的形式参与运算。

例如,9 ＆ 14＝8,算式如下：

```
   0000 0000 0000 0000 0000 0000 0000 1001
 & 0000 0000 0000 0000 0000 0000 0000 1110
   ─────────────────────────────────────────
   0000 0000 0000 0000 0000 0000 0000 1000
```

按位与运算符(＆)经常用于屏蔽某些二进制位。

11.2.2 或运算符

或运算符(|)是双目运算符,其功能是参与运算的两个操作数各对应的二进位相或。只要对应的两个二进位有一个为1,结果位就为1,否则为0。即0｜0＝0,0｜1＝1,1｜0＝1,1｜1＝1。两个操作数以补码的形式参与运算。

例如,48｜15＝63,算式如下：

```
   0000 0000 0000 0000 0000 0000 0011 0000
 | 0000 0000 0000 0000 0000 0000 0000 1111
   ─────────────────────────────────────────
   0000 0000 0000 0000 0000 0000 0011 1111
```

按位或运算符(｜)常用于将某些二进制位置为1。

请注意位运算符＆、｜与逻辑运算符＆＆、｜｜的区别,后者用于从左至右求表达式的真值。例如,如果 x 的值为1,y 的值为2,那么,x＆y 的结果为0,x｜y 的结果为3；而 x＆＆y 的值为1,x｜｜y 的结果为1。

11.2.3 异或运算符

异或运算符(^)是双目运算符,其功能是参与运算的两个数各对应的二进制位相异或,只有对应的两个二进位相异时,结果位才为1,否则为0。即0^0＝0,0^1＝1,1^0＝1,1^1＝0。两个操作数以补码的形式参与运算。

例如,57 ^ 42,算式如下：

```
   0000 0000 0000 0000 0000 0000 0011 1001
 ^ 0000 0000 0000 0000 0000 0000 0010 1010
   ─────────────────────────────────────────
   0000 0000 0000 0000 0000 0000 0001 0011
```

所以,57 ^ 42＝19。

例如,57 ^ －42,

－42 的原码： 1000　0000　0000　0000　0000　0000　0010　1010

－42 的反码： 1111　1111　1111　1111　1111　1111　1101　0101

－42 的补码： 1111　1111　1111　1111　1111　1111　1101　0110

因此算式如下：

```
   0000 0000   0000 0000 0000 0000 0011 1001
 ^ 1111 1111   1111 1111 1111 1111 1101 0110
   ─────────────────────────────────────────
   1111 1111   1111 1111 1111 1111 1110 1111
```

得到的结果的最高位为"1",它是补码形式,要把它转换为反码,再转换为原码：

补码： 1111 1111 1111 1111 1111 1111 1110 1111
反码： 1000 0000 0000 0000 0000 0000 0001 0000
原码： 1000 0000 0000 0000 0000 0000 0001 0001

所以,57 ^ -42=-17。

11.2.4 取反运算符

取反运算符(~)是一元运算符,其功能是用于求整数的二进制反码,即分别将操作数各二进制位上的 1 变为 0,0 变为 1。

例如,~2:

2 的补码： 0000 0000 0000 0000 0000 0000 0000 0010
~2 的补码： 1111 1111 1111 1111 1111 1111 1111 1101
~2 的反码： 1000 0000 0000 0000 0000 0000 0000 0010
~2 的原码： 1000 0000 0000 0000 0000 0000 0000 0011

所以,~2=-3。

例如,~-2:

-2 的原码： 1000 0000 0000 0000 0000 0000 0000 0010
-2 的反码： 1111 1111 1111 1111 1111 1111 1111 1101
-2 的补码： 1111 1111 1111 1111 1111 1111 1111 1110
~-2 的补码： 0000 0000 0000 0000 0000 0000 0000 0001

所以,~-2=1。

11.2.5 左移运算符和右移运算符

左移运算符(<<)和右移运算符(>>)分别用于将运算的左操作数左移和右移,移动的位数由右操作数指定,右操作数的值必须是非负值且不能大于存储左操作数的位数,否则移位的结果是不确定的。

当对 unsigned 整数执行左移(<<)时,移动到左边边界之外的位全部丢失,低位补 0;但当对 signed 整数执行左移(<<)时,符号位不变,低位补 0。

当对 unsigned 整数执行右移(>>)时,移动到右边边界之外的位全部丢失,高位补 0;但当对 signed 整数执行右移(>>)时,低位溢出,符号位不变,并用符号位补由于移动而空出的高位。

例如,若 a 是整型变量,表达式 ~(a ^ ~a) 的值为 0;表达式 ~(10>>1 ^ ~5) 的值为 0;表达式 255 & 128 的值为 128。

【例 11.1】 写出下列程序的运行结果。

```
#include<bits/stdc++.h>
using namespace std;

int main()
{
    printf("5<<2=%d\n", 5<<2);
    printf("-5<<2=%d\n", -5<<2);
```

```
        printf("5>>2=%d\n", 5 >>2);
        printf("-5>>2=%d\n", -5 >>2);

        return 0;
    }
```

运行结果：

```
5<<2=20
-5<<2=-20
5>>2=1
-5>>2=-2
```

【运行结果分析】

5 的补码：   0000 0000 0000 0000 0000 0000 0000 0101
－5 的补码： 1111 1111 1111 1111 1111 1111 1111 1011

(1) 5<<2 的补码为

    0000 0000 0000 0000 0000 0000 0001 0100

所以，5<<2＝20。

(2) －5<<2 的补码为

    1111 1111 1111 1111 1111 1111 1110 1100

将这个结果转换为反码：

    1000 0000 0000 0000 0000 0000 0001 0011

再继续转换为原码：

    1000 0000 0000 0000 0000 0000 0001 0100

所以，－5<<2＝－20。

(3) 5>>2 的补码为

    0000 0000 0000 0000 0000 0000 0000 0001

所以，5>>2＝1。

(4) －5>>2 的补码为

    1111 1111 1111 1111 1111 1111 1111 1110

将这个结果转换为反码：

    1000 0000 0000 0000 0000 0000 0000 0001

再继续转换为原码：

    1000 0000 0000 0000 0000 0000 0000 0010

所以，－5>>2＝－2。

【**例 11.2**】 统计整数二进制表示中 1 的个数。

输入样例 1：

```
19
```

输出样例 1：

```
3
```

输入样例 2：

-2

输出样例 2：

31

```
#include<bits/stdc++.h>
using namespace std;

int count(int _n)
{
    unsigned int n = _n;              //赋给无符号整数
    int s = 0;
    while(n) s += n & 1, n >>= 1;
    return s;
}
int main()
{
    int x;
    scanf("%d", &x);
    printf("%d\n", count(x));

    return 0;
}
```

因为，-2 在计算机里会被表示成 11111111111111111111111111111110，一共有 31 个 1。

【例 11.3】 编写函数 getBits(x, p, n)，它返回无符号整数 x 中第 p 位开始再向右数 n 位的字段。最右边的位记为第 0 位，然后往左依次是第 1 位，第 2 位，…。这里假定 p 与 n 都是合理的正值，请编写程序进行测试。

输入样例：

114 5 3

输出样例：

6

```
#include<bits/stdc++.h>
using namespace std;

unsigned getBits(unsigned x, int p, int n)
{
    return (x >> (p - n + 1)) & ~(~0 << n);
}
int main()
{
    unsigned x;
    int p, n;
```

```
        scanf("%d", &x);
        scanf("%d%d", &p, &n);
        printf("%d\n", getBits(x, p, n));

        return 0;
}
```

【分析】

(1) 表达式 x >> (p － n ＋ 1)将期望获得的字段移位到字的最右端。

(2) ~0 的所有位都为 1,这里使用语句 ~0 << n 将~0 左移 n 位,并将最右边的 n 位用 0 填补。再使用~运算对它按位取反,这样就建立了最右边 n 位全为 1 的屏蔽码。

对于输入样例,x＝114,p＝5,n＝3:

114 的补码为

      0000 0000 0000 0000 0000 0000 0111 0010

p － n ＋ 1＝3。那么,114>>3 的补码为

      0000 0000 0000 0000 0000 0000 0000 1110

~(~0 <<3)的补码为

      0000 0000 0000 0000 0000 0000 0000 0111

    0000 0000 0000 0000 0000 0000 0000 1110
&   0000 0000 0000 0000 0000 0000 0000 0111
    0000 0000 0000 0000 0000 0000 0000 0110

所以,getBits(114,5,3)是返回 114 中第 5、4、3 共三位的值,即值为"6"。

11.3 位赋值运算符

每个位运算符(取反运算符除外)都有对应的赋值运算符。这些位赋值运算符有与赋值"&＝"、或赋值"|＝"、异或赋值"^＝"、左移赋值"<<＝"和右移赋值">>＝"。它们的使用方式与算术赋值运算符类似。

11.4 应 用 实 例

【例 11.4】 变长编码(洛谷 B3870)。小明刚刚学习了三种整数编码方式,即原码、反码、补码,并了解到计算机存储整数通常使用补码。但他总是觉得,生活中很少用到 $2^{31}-1$ 这么大的数,生活中常用的 0~100 这种数也同样需要用 4 字节的补码表示,太浪费了。热爱学习的小明通过搜索,发现了一种正整数的变长编码方式。这种编码方式的规则如下:

例 11.4

(1) 对于给定的正整数,首先将其表达为二进制形式。例如,$(0)_{(10)} = (0)_{(2)}$,$(926)_{(10)} =$ $(1110011110)_{(2)}$。

(2) 将二进制数从低位到高位切分成每组 7 位,不足 7 位的在高位用 00 填补。例如,$(0)_{(2)}$ 变为 0000000 的一组,$(1110011110)_{(2)}$ 变为 0011110 和 0000111 的两组。

(3) 由代表低位的组开始,为其加入最高位。如果这组是最后一组,则在最高位填上 0,

否则在最高位填上1。于是,0 的变长编码为 00000000 一字节,926 的变长编码为 10011110 和 00000111 两字节。

这种编码方式可以用更少的字节表达比较小的数,也可以用很多的字节表达非常大的数。例如,987654321012345678 的二进制数为

(0001101 1011010 0110110 1001011 1110100 0100110 1001000 0010110 1001110){2}

于是它的变长编码(十六进制表示)为 CE 96 C8 A6 F4 CB B6 DA 0D,共 9 字节。

你能通过编写程序,找到一个正整数的变长编码吗?

输入一行,包含一个正整数 N,约定 $0 \leqslant N \leqslant 10^{18}$。

输出一行,包含 N 对应的变长编码的每字节,每字节均以 2 位十六进制表示(其中,A~F 使用大写字母表示),字节间以空格分隔。

输入样例 1:

```
0
```

输出样例 1:

```
00
```

输入样例 2:

```
926
```

输出样例 2:

```
9E 07
```

输入样例 3:

```
987654321012345678
```

输出样例 3:

```
CE 96 C8 A6 F4 CB B6 DA 0D
```

【分析】

根据题意,利用与运算符(&)先把正整数 n 切割成每组 7 位;再利用或运算符(|)把除了最后一组外的其他组的最高位置为 1;最后按要求输出。

```
#include<bits/stdc++.h>
using namespace std;

char trans(int n)                    //数字转换成字符
{
    if(n <10) return n +'0';
    return n -10 +'A';
}
void output(int n)
{
    cout <<trans(n >>4);             //输出高位
    cout <<trans(n & 0x0f);          //输出低位
```

```
    }
    int main()
    {
        long long n;
        int split[10];

        cin >>n;
        int k = 0;
        do                              //先切割成每组 7 位
        {
            split[k ++] =n & 0x7f;
            n >>= 7;
        }while(n >0);
        for(int i =0; i <k -1; i ++)    //最后一组的最高位不置为 1,其他组最高位置为 1
            split[i] |=0x80;

        output(split[0]);
        for(int i =1; i <k; i++)
        {
            cout <<" ";
            output(split[i]);
        }
        cout <<endl;

        return 0;
    }
```

练 习 11

一、单项选择题

1. 执行以下程序段后,w 的值为(　　)。

```
int w ='A';
int x =14, y =15;
w =((x || y) && (w <'a'));
```

  A. −1   B. NULL   C. 1   D. 0

2. 执行以下程序段后,c 的值为(　　)。

```
int a =1, b =2;
int c=a ^ (b <<2);
```

  A. 6   B. 7   C. 8   D. 9

3. 变量 a 的值用二进制表示的形式是 01011101,变量 b 的值用二进制表示的形式是 11110000。若要求将 a 的高 4 位取反,低 4 位不变,所要执行的运算是(　　)。

  A. a ^ b   B. a | b   C. a & b   D. A << 4

4. 若变量已正确定义,表达式(　　)的值不是 2。

  A. 2 & 3   B. 1 << 1   C. a == 2   D. 1 ^ 3

5. 若 a 是整型变量,表达式 ~(a ^ ~a) 等价于(　　)。

　　A. ~a　　　　　B. 1　　　　　C. 0　　　　　D. 2

6. 下列程序段的输出结果是(　　)。

```
int r = 8;
printf("%d\n", r >> 1);
```

　　A. 16　　　　　B. 8　　　　　C. 4　　　　　D. 2

7. 下列程序的运行结果是(　　)。

```
#include<bits/stdc++.h>
using namespace std;

int main()
{
    int x;
    int a = 1, b = 2, c = 3;
    x = (a ^ b) & c;
    printf("%d\n", x);

    return 0;
}
```

　　A. 0　　　　　B. 1　　　　　C. 2　　　　　D. 3

8. 下列程序的运行结果是(　　)。

```
#include<bits/stdc++.h>
using namespace std;

int main()
{
    int t;
    int a = 5, b = 1;
    t = (a << 2 | b);
    printf("%d\n", t);

    return 0;
}
```

　　A. 21　　　　　B. 11　　　　　C. 6　　　　　D. 1

9. 表达式 ~(10>>1^~5) 的值是(　　)。

　　A. 10　　　　　B. 5　　　　　C. 0　　　　　D. 1

10. 表达式 (7<<1>>2^2) 的值是(　　)。

　　A. 1　　　　　B. 7　　　　　C. 2　　　　　D. 0

二、程序设计题

1. 将一个 char 类型数的高 4 位和低 4 位分离,分别输出。

输入样例:

输出样例：

1 6

2. 假设，整数类型为32位。输入一个整数，输出此整数的机内码，即二进制的补码。

输入样例1：

131

输出样例1：

0000 0000 0000 0000 0000 0000 1000 0011

输入样例2：

-2

输出样例2：

1111 1111 1111 1111 1111 1111 1111 1110

3. 找奇葩（PAT 乙级 1122）。在一个长度为 n 的正整数序列中，所有的奇数都出现了偶数次，只有一个奇葩奇数出现了奇数次。你的任务就是找出这个奇葩。

输入首先在第一行给出一个正整数 $n(N \leqslant 10^4)$，随后一行给出 n 个满足题面描述的正整数。每个数都不超过 10^5，数字间以空格分隔。

在一行中输出那个奇葩。题目保证这个奇葩是存在的。

输入样例：

12
23 16 87 233 87 16 87 233 23 87 233 16

输出样例：

233

4. 数零壹（PAT 乙级 1057）。给定一串长度不超过 10^5 的字符串，本题要求你将其中所有英文字母的序号（字母 a～z 对应序号 1～26，不分大小写）相加，得到整数 N，然后再分析一下 N 的二进制表示中有多少 0、多少 1。例如，给定字符串 PAT（Basic），其字母序号之和为 16+1+20+2+1+19+9+3=71，而 71 的二进制是 1000111，即有 3 个 0、4 个 1。

输入在一行中给出长度不超过 10^5、以回车结束的字符串。

在一行中先后输出 0 的个数和 1 的个数，其间以空格分隔。注意：若字符串中不存在字母，则视为 N 不存在，也就没有 0 和 1。

输入样例：

PAT (Basic)

输出样例：

3 4

第 12 章　大 串 讲

本章通过串讲一些实例，帮助学习者拓宽思路，使学习者对整本书做到融会贯通，提高学习者分析问题、解决问题的能力。

12.1　顺序输出整数的各位数字

【例 12.1】 输入 n 个正整数，按顺序输出这些整数的各位数字。第一行为正整数的个数 n，以下为 n 个正整数。

输入样例：

```
3
1256
0
1545
```

输出样例：

```
1 2 5 6
0
1 5 4 5
```

这个问题可以通过不同的方法来解决。

【第 1 种方法】数字拆分。对于一个整数，可以逐个拆出它的最低位数字，因为输出的结果先是高位数字，然后是低位数字，所以这里需一个整型数组来存放拆出的各个数字，才能达到目的。

```cpp
#include<bits/stdc++.h>
using namespace std;

int main()
{
    int n, m, k;
    int a[11];
    scanf("%d", &n);
    for(int i = 0; i < n; i ++)
    {
        scanf("%d", &m);
        //数字拆分
        k = 0;
        do
```

```
            {
                a[k ++] = m %10;
                m /=10;
            }while(m !=0);
            
            for(int j = k -1; j >=0; j --)
                printf("%d ", a[j]);
            puts("");
        }
    return 0;
}
```

【第 2 种方法】把整数看成数字字符,一个字符一个字符地读。既然把整数看成数字字符,那么每读入一个字符,就输出一个字符。不需要用数组,节约空间。

```
#include<bits/stdc++.h>
using namespace std;

int main()
{
    int n;
    char ch;
    scanf("%d", &n);
    getchar();
    for(int i =0; i <n; i ++)
    {
        while((ch =getchar()) !='\n')
        {
            printf("%c ", ch);
        }
        printf("\n");
    }
    
    return 0;
}
```

【第 3 种方法】把整数看成一个字符串。既然把整数看成一个字符串,先读一串,然后逐个字符输出。这里需要用字符数组来存放这个字符串。

```
#include<bits/stdc++.h>
using namespace std;

int main()
{
    int n;
    char s[11];
    scanf("%d", &n);
    getchar();
    for(int i =0; i <n; i ++)
    {
        cin.getline(s, 11);
```

```
            for(int j = 0; s[j] != '\0'; j ++)
                printf("%c ", s[j]);
            puts("");
        }

        return 0;
    }
```

【第 4 种方法】把整数看成一个字符串。用 string 实现。

```
#include<bits/stdc++.h>
using namespace std;

int main()
{
    int n;
    string s;
    scanf("%d", &n);
    for(int i = 0; i < n; i ++)
    {
        cin >> s;
        for(int j = 0; j < s.size(); j ++)
            printf("%c ", s[j]);
        puts("");
    }

    return 0;
}
```

12.2 阶 乘 和

【例 12.2】 阶乘和(信息学奥赛一本通 2026)。求 s＝1!＋2!＋ … ＋ n!的值。输入正整数 n($1 \leqslant n \leqslant 10$),输出 s。

输入样例：

3

输出样例：

9

这个问题可以通过不同的方法来解决。

【第 1 种方法】采用双重循环。外循环用于求和,内循环用于求阶乘。

```
#include<bits/stdc++.h>
using namespace std;

int main()
{
    int n, s, t;
```

```
    cin >>n;
    s =0;
    for(int i =1; i <=n; i ++)
    {
        t =1;
        for(int j =1; j <=i; j ++)
            t =t * j;
        s =s +t;
    }
    printf("%d\n", s);

    return 0;
}
```

【第 2 种方法】采用单重循环。只用单重循环求和,至于阶乘的求解,因为 n!=(n-1)! * n,所以可以采用迭代的方法求 n!。这种方法节约时间。

```
#include<bits/stdc++.h>
using namespace std;

int main()
{
    int n, s, t;
    cin >>n;
    s =0, t =1;
    for(int i =1; i <=n; i ++)
    {
        t =t * i;             //t 存放的就是 i 的阶乘
        s =s +t;
    }
    printf("%d\n", s);

    return 0;
}
```

【第 3 种方法】采用函数。只用单重循环求和,用自定义函数求 n 的阶乘。模块化编程,程序较清晰。

```
#include<bits/stdc++.h>
using namespace std;

int fact(int n)
{
    int t =1;
    for(int j =1; j <=n; j ++)
        t =t * j;
    return t;
}
int main()
{
    int n, s;
```

```
        cin >>n;
        s = 0;
        for(int i =1; i <=n; i ++)
            s = s + fact(i);
        printf("%d\n", s);

        return 0;
    }
```

【第 4 种方法】采用递归函数。只用单重循环求和,用递归函数求 n 的阶乘。求阶乘一般不用这种方法,因为递归费时间、费空间。

```
#include<bits/stdc++.h>
using namespace std;

int fact(int n)
{
    if(n ==0 || n ==1) return 1;
    return n * fact(n -1);
}
int main()
{
    int n, s;
    cin >>n;
    s = 0;
    for(int i =1; i <=n; i ++)
        s = s + fact(i);
    printf("%d\n", s);

    return 0;
}
```

12.3 斐波那契数列

【例 12.3】 斐波那契数列(洛谷 B2064)。斐波那契数列是指这样的数列:数列的第一个和第二个数都为 1,接下来每个数都等于前面两个数之和。

输入第 1 行是测试数据的组数 n,后面跟着 n 行输入。每组测试数据占 1 行,包括一个正整数 a(1≤a≤30)。

输出有 n 行,每行输出对应一个输入。输出应是一个正整数,为斐波那契数列中第 a 个数。

输入样例:

```
4
5
2
19
1
```

输出样例:

```
5
1
4181
1
```

这个问题可以通过不同的方法来解决。

【第 1 种方法】迭代。我们不妨假设第 1 项为 f1, 第 2 项为 f2, 第 3 项为 f3, 则有

```
f3 = f1 + f2
```

然后根据第 2 项和第 3 项推出第 4 项, 以此类推。

设迭代变量为 f1、f2, 根据斐波那契数列的定义, 得到的迭代关系式: f3 = f1 + f2。这里请注意, 每迭代一次求得一个新值后, f1 和 f2 的值就要更新, f1 更新为原来的 f2, f2 更新为原来的 f3。

```
#include<bits/stdc++.h>
using namespace std;

int main()
{
    int n, a;
    int f1, f2, f3;
    cin >>n;
    for(int i =1; i <=n; i ++)
    {
        cin >>a;
        if(a ==1 || a ==2)
        {
            cout <<1 <<endl;
            continue;
        }
        f1 =f2 =1;
        for(int j =3; j <=a; j ++)
        {
            f3 =f1 +f2;
            //为计算下一项做准备
            f1 =f2;         //f1 更新为原来的 f2
            f2 =f3;         //f2 更新为原来的 f3
        }
        cout <<f3 <<endl;
    }

    return 0;
}
```

【第 2 种方法】迭代, 但是用数组存放每项的结果。用数组 f 来存放每项的结果, 我们不妨假设第 0 项为 0, 第 1 项为 1, 第 2 项为 1, 根据斐波那契数列的定义, f[n] = f[n−2] + f[n−1]。

```
#include<bits/stdc++.h>
using namespace std;
```

```
int main()
{
    int n, a;
    //定义数组并初始化。f[0]=0,f[1]=1,f[2]=1,其他数组元素的值均为0
    //f[0]数组元素不用
    int f[35] ={0, 1, 1};
    for(int i =3; i <35; i ++) f[i] =f[i -1] +f[i -2];

    cin >>n;
    for(int i =1; i <=n; i ++)
    {
        cin >>a;
        cout <<f[a] <<endl;
    }

    return 0;
}
```

【第 3 种方法】递归函数。第 1 项为 1,第 2 项为 1,以此类推,$f_n = f_{n-2} + f_{n-1}$。用这种方法,当 n 较大时,行不通,因为递归需要的时间和空间都比较大,斐波那契数列的求解不建议用这种方法。

```
#include<bits/stdc++.h>
using namespace std;

int fib(int n)
{
    if(n ==1 || n ==2) return 1;
    return fib(n -2) +fib(n -1);
}
int main()
{
    int n, a;
    cin >>n;
    for(int i =1; i <=n; i ++)
    {
        cin >>a;
        cout <<fib(a) <<endl;
    }

    return 0;
}
```

12.4　计算函数的值

【例 12.4】 计算如下定义的函数 f：
(1) 当 x 为负数时,f(x, y) = x + y；
(2) 当 x 为非负数时,f(x, y) = f(x−1, x+y) + x/y。
其中,x、y 都是实数,f 的值也是实数。

输入样例 1：

```
-1 5.7857
```

输出样例 1：

```
4.79
```

输入样例 2：

```
2 5.7857
```

输出样例 2：

```
8.26
```

这个问题可以通过不同的方法来解决。

【第 1 种方法】递归函数。这种方法直观,根据题意进行简单的转换即可。

```
#include<bits/stdc++.h>
using namespace std;

double fun(double x, double y)
{
    if(x <0) return x +y;
    return fun(x -1, x +y) +x / y;
}
int main()
{
    double x, y;
    scanf("%lf%lf", &x, &y);
    printf("%.2f\n", fun(x, y));

    return 0;
}
```

【第 2 种方法】非递归函数。这种方法不直观,但效率高,我们用循环消除递归。

```
#include<bits/stdc++.h>
using namespace std;

double fun(double x, double y)
{
    double s =0;
    while(x >=0)
    {
        s =s +x / y;
        y =x +y;
        x =x -1;
    }
    return s +x +y;
}
int main()
```

```
{
    double x, y;
    scanf("%lf%lf", &x, &y);
    printf("%.2f\n", fun(x, y));

    return 0;
}
```

12.5 数列有序

【例 12.5】 有 n(n≤100)个整数,已经按照从小到大顺序排列好了,现在另外给一个整数 x,请将该数插入序列中,并使新的序列仍然有序。

输入样例:

```
3 3
1 2 4
```

输出样例:

```
1 2 3 4
```

这个问题可以通过不同的方法来解决。

【第 1 种方法】排序。这种方法简便,只需把待插入的整数 x 放到数组的最后,然后对数组进行排序即可。

```
#include<bits/stdc++.h>
using namespace std;

int main()
{
    int n, x;
    int a[110];
    scanf("%d%d", &n, &x);
    for(int i =1; i <=n; i ++) scanf("%d", &a[i]);

    n ++;
    a[n] =x;
    sort(a +1, a +n +1);
    for(int i =1; i <n; i ++)
        printf("%d ", a[i]);
    printf("%d\n", a[n]);

    return 0;
}
```

【第 2 种方法】逐个比较。这种方法也比较简便,首先把已有的数据放到数组中,然后从后往前将 x 与数组中的每个元素进行比较,找它应该插入的位置。

```
#include<bits/stdc++.h>
using namespace std;
```

```
int main()
{
    int n, x;
    int a[110];
    scanf("%d%d", &n, &x);
    for(int i =1; i <=n; i ++) scanf("%d", &a[i]);

    int k =0;
    for(int i =n; i >=1; i --)
    {
        if(x >=a[i])
        {
            k =i;
            break;
        }
        else a[i +1] =a[i];
    }
    a[k +1] =x;
    n ++;
    for(int i =1; i <n; i ++)
        printf("%d ", a[i]);
    printf("%d\n", a[n]);

    return 0;
}
```

【第 3 种方法】再增加一个数组存储数据。这种方法也比较简便，首先把已有的数据放到数组 a 中，从前往后把 x 与数组中的每个元素进行比较，谁小就把谁放入增加的数组 b 中。这种方法需要增加一个数组，比较费空间。

```
#include<bits/stdc++.h>
using namespace std;

int main()
{
    int n, x;
    int a[110], b[110];

    scanf("%d%d", &n, &x);
    for(int i =1; i <=n; i ++) scanf("%d", &a[i]);

    int k =0;
    for(int i =1; i <=n; i ++)
    {
        if(x >=a[i]) b[++k] =a[i];
        else break;
    }
    b[++k] =x;

    //还要把数组 a 中余下的数组元素放到数组 b 中
    for(int j =k; j <=n; j ++)
```

```
            b[++k] =a[j];

    n ++;
    for(int i =1; i <n; i ++)
        printf("%d ", b[i]);
    printf("%d\n", b[n]);

    return 0;
}
```

12.6 数 的 转 移

【例 12.6】 编写一个程序,功能是输入任意 6 个整数,假设为 5、7、4、8、9、1。然后建立一个具有以下内容的方阵,并打印出来。

输入样例:

```
5 7 4 8 9 1
```

输出样例:

```
5 7 4 8 9 1
1 5 7 4 8 9
9 1 5 7 4 8
8 9 1 5 7 4
4 8 9 1 5 7
7 4 8 9 1 5
```

这个问题可以通过不同的方法来解决。

【第 1 种方法】用一维数组。输入的数据存入一维数组中,然后对一维数组进行循环右移,得到一组新数据就输出。

```
#include<bits/stdc++.h>
using namespace std;

void output(int a[])
{
    for(int i =0; i <6; i ++)
        printf("%d ", a[i]);
    printf("\n");
}
void move(int a[])
{
    int t =a[5];
    for(int i =4; i >=0; i --)
        a[i +1] =a[i];
    a[0] =t;
}
int main()
```

```
{
    int a[6];
    for(int i =0; i <6; i ++) scanf("%d", &a[i]);
    output(a);
    for(int i =1; i <6; i ++)
    {
        move(a);
        output(a);
    }

    return 0;
}
```

【第 2 种方法】用二维数组。第 0 行的数据是输入的,其他行都是上一行的循环右移。

```
#include<bits/stdc++.h>
using namespace std;

void output(int a[][6])
{
    for(int i =0; i <6; i ++)
    {
        for(int j =0; j <6; j ++)
            printf("%d ", a[i][j]);
        printf("\n");
    }
}
int main()
{
    int a[6][6];
    for(int i =0; i <6; i ++)         //输入的数据存入数组的第 0 行
        scanf("%d", &a[0][i]);

    for(int i =1; i <6; i ++)         //构造第 1～5 行的数据
        for(int j =0; j <6; j ++)
            a[i][(j +1) %6] =a[i -1][j];
    output(a);

    return 0;
}
```

【第 3 种方法】用一维数组。此种方法比第一种方法的数组长度多一倍。对数组输入的数据,数据多存储一份,然后根据需要输出。

```
#include<bits/stdc++.h>
using namespace std;

int main()
{
    int a[12];
    for(int i =0; i <6; i ++)
    {
```

```
        scanf("%d", &a[i]);
        a[i + 6] = a[i];
    }
    for(int i = 6; i >= 1; i --)   //i 为开始输出数据的下标
    {
        for(int j = i; j < i + 6; j ++)
            printf("%d ", a[j]);
        printf("\n");
    }

    return 0;
}
```

12.7 有理数四则运算

【例 12.7】 有理数四则运算（PAT 乙级 1034）。本题要求编写程序，计算两个有理数的和、差、积、商。

输入：在一行中按照 a1/b1 a2/b2 的格式给出两个分数形式的有理数，其中分子和分母全是整型范围内的整数，负号只可能出现在分子前，分母不为 0。

输出：分别在 4 行中按照"有理数1 运算符 有理数2 = 结果"的格式顺序输出两个有理数的和、差、积、商。注意输出的每个有理数必须是该有理数的最简形式 k a/b，其中 k 是整数部分，a/b 是最简分数部分；若为负数，则须加括号；若除法分母为 0，则输出 Inf。题目保证正确的输出中没有超过整型范围的整数。

输入样例 1：

```
2/3 -4/2
```

输出样例 1：

```
2/3 + (-2) = (-1 1/3)
2/3 - (-2) = 2 2/3
2/3 * (-2) = (-1 1/3)
2/3 / (-2) = (-1/3)
```

输入样例 2：

```
5/3 0/6
```

输出样例 2：

```
1 2/3 + 0 = 1 2/3
1 2/3 - 0 = 1 2/3
1 2/3 * 0 = 0
1 2/3 / 0 = Inf
```

【分析】

假设有理数的分子为 a、分母为 b，要得到它的最简形式，让分子、分母都除以它们的最大公约数。此题的输出格式比较麻烦，写一个函数专门解决计算、输出格式控制问题。

```cpp
#include<bits/stdc++.h>
using namespace std;

typedef long long LL;

LL gcd(LL a, LL b)
{
    return b ? gcd(b, a % b) : a;
}
string calc(LL a, LL b)                    //分子为a,分母为b
{
    if(a ==0) return "0";
    if(b ==0) return "Inf";

    int flag =1;                           //1 表示正数;-1 表示负数
    if((a <0 && b >0) || (a >0 && b <0)) flag =-1;
    a =abs(a), b =abs(b);

    LL d, x;
    char tmp[110];
    d =gcd(a, b);
    a /=d, b /=d;
    x =a / b, a =a % b;
    if(x)                                  //有整数部分
    {
        if(a) sprintf(tmp, "%lld %lld/%lld", x * flag, a, b);
        else sprintf(tmp, "%lld", x * flag);
    }
    else                                   //没有整数部分
        sprintf(tmp, "%lld/%lld", a * flag, b);

    string res(tmp);
    if(flag <0) res ='(' +res +')';        //如果为负数
    return res;
}
int main()
{
    LL a1, b1, a2, b2;
    string first, second, res;
    scanf("%lld/%lld %lld/%lld", &a1, &b1, &a2, &b2);
    first =calc(a1, b1);
    second =calc(a2, b2);

    res =calc(a1 * b2 +a2 * b1, b1 * b2);
    cout <<first <<" +" <<second <<" =" <<res <<endl;

    res =calc(a1 * b2 -a2 * b1, b1 * b2);
    cout <<first <<" -" <<second <<" =" <<res <<endl;

    res =calc(a1 * a2, b1 * b2);
    cout <<first <<" * " <<second <<" =" <<res <<endl;

    res =calc(a1 * b2, b1 * a2);
```

```
        cout <<first <<" / " <<second <<" =" <<res <<endl;
    return 0;
}
```

请注意：判断 a 和 b 是否异号千万不要写成判断 a * b 是否小于 0,因为 a * b 的结果可能超过了 long long int 的长度,导致溢出大于 0,如果这样写的话会有一个测试点无法通过。

12.8 德 才 论

【**例 12.8**】 德才论(PAT 乙级 1015)。宋代史学家司马光在《资治通鉴》中有一段著名的"德才论":"是故才德全尽谓之圣人,才德兼亡谓之愚人,德胜才谓之君子,才胜德谓之小人。凡取人之术,苟不得圣人、君子而与之,与其得小人,不若得愚人。"

现给出一批考生的德才分数,请根据司马光的理论给出录取排名。

输入第一行给出 3 个正整数,分别为:N($N \leqslant 10^5$),即考生总数;L($L \geqslant 60$),为录取最低分数线,即德分和才分均不低于 L 的考生才有资格被考虑录取;H($H < 100$),为优先录取线。德分和才分均不低于此线的被定义为"才德全尽",此类考生按德才总分从高到低排序;才分不到但德分到优先录取线的一类考生属于"德胜才",也按总分排序,但排在第一类考生之后;德才分均低于 H,但是德分不低于才分的考生属于"才德兼亡"但尚有"德胜才"者,按总分排序,但排在第二类考生之后;其他达到最低线 L 的考生也按总分排序,但排在第三类考生之后。

随后的 N 行,每行给出一位考生的信息,包括准考证号、德分、才分,其中准考证号为 8 位整数,德才分为区间 [0, 100] 内的整数。数字间以空格分隔。

输出第一行首先给出达到最低分数线的考生人数 M,随后的 M 行,每行按照输入格式输出一位考生的信息,考生按输入中说明的规则从高到低排序。当某类考生中有多人总分相同时,按其德分降序排列;若德分也并列,则按准考证号的升序输出。

输入样例:

```
14 60 80
10000001 64 90
10000002 90 60
10000011 85 80
10000003 85 80
10000004 80 85
10000005 82 77
10000006 83 76
10000007 90 78
10000008 75 79
10000009 59 90
10000010 88 45
10000012 80 100
10000013 90 99
10000014 66 60
```

输出样例：

```
12
10000013 90 99
10000012 80 100
10000003 85 80
10000011 85 80
10000004 80 85
10000007 90 78
10000006 83 76
10000005 82 77
10000002 90 60
10000014 66 60
10000008 75 79
10000001 64 90
```

【分析】

根据题意，我们自定义一个 Student 结构，此结构中设置一个成员 type，用于表示各种考生的类别，1 表示"才德全尽"，2 表示"德胜才"，3 表示"才德兼亡"但尚有"德胜才"，4 表示其他，这样考生的信息就可以放在一个结构数组中，统一排序，降低了代码的复杂度。

```cpp
#include<bits/stdc++.h>
using namespace std;

const int N =1e5 +10;
struct Student
{
    int type;               //类型
    int id;                 //学号
    int s1, s2;             //德分、才分
    int total;
    bool operator <(const Student &w) const
    {
        if(type !=w.type) return type <w.type;
        if(total !=w.total) return total >w.total;
        if(s1 !=w.s1) return s1 >w.s1;
        return id <w.id;
    }
}a[N];
int main()
{
    int n, L, H;
    int type, id, s1, s2, k;
    cin >>n >>L >>H;
    k =0;
    for(int i =1; i <=n; i ++)
    {
        cin >>id >>s1 >>s2;
        if(s1 <L || s2 <L) continue;
```

```
            if(s1 >=H && s2 >=H) type =1;
            else if(s1 >=H) type =2;
            else if(s1 <H && s2 <H && s1 >=s2) type =3;
            else type =4;
            a[k ++] ={type, id, s1, s2, s1 +s2};
        }
        sort(a, a +k);
        cout <<k <<endl;
        for(int i =0; i <k; i ++)
            printf("%d %d %d\n", a[i].id, a[i].s1, a[i].s2);

        return 0;
    }
```

12.9 天 长 地 久

【例 12.9】 天长地久(PAT 乙级 1104)。"天长地久数"是指一个 K 位正整数 A,其满足条件为:A 的各位数字之和为 m,A+1 的各位数字之和为 n,且 m 与 n 的最大公约数是一个大于 2 的素数。本题就请你找出这些天长地久数。

输入在第一行给出正整数 N(N≤5),随后的 N 行,每行给出一对 K(3＜K＜10)和 m(1＜m＜90),其含义如题面所述。

对每一对输入的 K 和 m,首先在一行中输出 Case X,其中 X 是输出的编号(从 1 开始);然后一行输出对应的 n 和 A,数字间以空格分隔。如果解不唯一,则每组解占一行,按 n 的递增序输出;若仍不唯一,则按 A 的递增序输出。若解不存在,则在一行中输出 No Solution。

输入样例:

```
2
6 45
7 80
```

输出样例:

```
Case 1
10 189999
10 279999
10 369999
10 459999
10 549999
10 639999
10 729999
10 819999
10 909999
Case 2
No Solution
```

【分析】

根据题意，A 的各位数字之和为 m，A+1 的各位数字之和为 n。

如果 A 的末位数字不为 9，那么 A+1 不会产生进位，则有 n＝m+1，最大公约数 gcd(m, n)＝1，不满足题意。所以满足题意的 A 的末位数字一定为 9。

如果 A 的倒数第二位数字不为 9，那么 A+1 只会产生 1 次进位，则有 n＝m+1－9＝m－8，其中－9 是因为末位数字由 9 变为 0，那么最大公约数 gcd(m, n)＝8，仍然不满足题意。所以满足题意的 A 的倒数第二位数字也一定为 9。

```
#include<bits/stdc++.h>
using namespace std;

typedef pair<int, int>PII;            //能存放一对整数
bool is_prime(int n)                  //判断 n 是否是素数
{
    if(n <2) return false;
    for(int i =2; i <=n / i; i ++)
        if(n %i ==0)
            return false;
    return true;
}
int gcd(int a, int b)                 //求 a、b 的最大公约数
{
    return b ? gcd(b, a %b) : a;
}
int calc(int n)                       //求 n 的各位数字之和
{
    int s =0;
    while(n !=0) s +=n %10, n /=10;
    return s;
}
bool cmp(PII a, PII b)                //设置排序规则
{
    if(a.first !=b.first) return a.first <b.first;
    return a.second <b.second;
}
int main()
{
    int t, k, m, n, d, cnt;
    PII w[1010];

    cin >>t;
    for(int i =1; i <=t; i ++)
    {
        cin >>k >>m;
        printf("Case %d\n", i);
        cnt =0;
        int low =99 +pow(10, k -1), up =pow(10, k);
        for(int a =low; a <up; a +=100)    //保证末两位为 99
        {
            if(calc(a) ==m)
            {
```

```
                    n = calc(a + 1);
                    d = gcd(m, n);
                    if(d > 2 && is_prime(d)) w[cnt ++] = {n, a};
                }
            }
            if(!cnt) puts("No Solution");
            else
            {
                sort(w, w + cnt, cmp);
                for(int i = 0; i < cnt; i ++)
                    printf("%d %d\n", w[i].first, w[i].second);
            }
        }

    return 0;
}
```

附　录

附录 A　常用字符与 ASCII 对照表

字　符	十进制	八进制	十六进制	字　符	十进制	八进制	十六进制
空格	32	40	20	;	59	73	3b
!	33	41	21	<	60	74	3c
"	34	42	22	=	61	75	3d
#	35	43	23	>	62	76	3e
$	36	44	24	?	63	77	3f
%	37	45	25	@	64	100	40
&	38	46	26	A	65	101	41
`	39	47	27	B	66	102	42
(	40	50	28	C	67	103	43
)	41	51	29	D	68	104	44
*	42	52	2a	E	69	105	45
+	43	53	2b	F	70	106	46
,	44	54	2c	G	71	107	47
-	45	55	2d	H	72	110	48
.	46	56	2e	I	73	111	49
/	47	57	2f	J	74	112	4a
0	48	60	30	K	75	113	4b
1	49	61	31	L	76	114	4c
2	50	62	32	M	77	115	4d
3	51	63	33	N	78	116	4e
4	52	64	34	O	79	117	4f
5	53	65	35	P	80	120	50
6	54	66	36	Q	81	121	51
7	55	67	37	R	82	122	52
8	56	70	38	S	83	123	53
9	57	71	39	T	84	124	54
:	58	72	3a	U	85	125	55

续表

字符	十进制	八进制	十六进制	字符	十进制	八进制	十六进制
V	86	126	56	k	107	153	6b
W	87	127	57	l	108	154	6c
X	88	130	58	m	109	155	6d
Y	89	131	59	n	110	156	6e
Z	90	132	5a	o	111	157	6f
[	91	133	5b	p	112	160	70
\	92	134	5c	q	113	161	71
]	93	135	5d	r	114	162	72
^	94	136	5e	s	115	163	73
_	95	137	5f	t	116	164	74
'	96	140	60	u	117	165	75
a	97	141	61	v	118	166	76
b	98	142	62	w	119	167	77
c	99	143	63	x	120	170	78
d	100	144	64	y	121	171	79
e	101	145	65	z	122	172	7a
f	102	146	66	{	123	173	7b
g	103	147	67	|	124	174	7c
h	104	150	68	}	125	175	7d
i	105	151	69	~	126	176	7e
j	106	152	6a	del	127	177	7f

附录 B 常用的库函数

B.1 数学函数

头文件<math.h>中声明了 20 多个数学函数。下面介绍一些常用的数学函数,每个函数带有一个或两个 double 类型的参数,并返回一个 double 类型的值。

1. double sqrt(double x)

计算 x 的非负平方根。如果参数为负会发生定义域错误。例如:

```
sqrt(900.0)=30.0;
```

2. double pow(double x, double y)

计算 x^y。如果 x=0 且 y≤0,或者 x<0 且 y 不是整型数,将产生定义域错误。例如:

```
pow(2, 7)=128.0;
```

3. double ceil(double x)

计算不小于 x 的最小整数值。例如:

```
ceil(9.2)=10.0;
ceil(-9.8)=-9.0;
```

4. double floor(double x)

计算不大于 x 的最大整数值。例如:

```
floor(9.2)=9.0;
floor(-9.8)=-10.0;
```

5. double fabs(double x)

计算浮点数 x 的绝对值。例如:

```
fabs(5.0)=5.0;
fabs(0.0)=0.0;
fabs(-5.0)=5.0;
```

6. double exp(double x)

计算指数函数 e^x。如果 x 的取值太大会发生定义域错误。例如:

```
exp(1.0)=2.718282;
```

7. double log(double x)

计算 x 的自然对数(e 为底)。如果参数为负数会发生定义域错误;如果参数为零会发生越界错误。例如:

```
log(2.718282)=1.0;
log(7.389056)=2.0;
```

8. double log10(double x)

计算 x 的对数(10 为底)。如果参数为负数会发生定义域错误;如果参数为零会发生越界错误。例如:

```
log10(1.0)=0.0;
log10(10.0)=1.0;
log10(100.0)=2.0;
```

9. double sin(double x)

计算 x 的正弦(x 为弧度)。例如:

```
sin(0.0)=0.0;
```

10. double cos(double x)

计算 x 的余弦(x 为弧度)。例如:

```
cos(0.0)=1.0;
```

11. double tan(double x)

计算 x 的正切(x 为弧度)。例如:

```
tan(0.0)=0.0;
```

12. double asin(double x)

计算 x 的反正弦值。参数不在范围[-1,1]会发生定义域错误。返回范围在[-π/2,π/2]的反正弦弧度。

13. double acos(double x)

计算 x 的反余弦值。参数不在范围[-1,1]会发生定义域错误。返回范围在[0,π]的反余弦弧度。

14. double atan(double x)

计算 x 的反正切值。返回范围在[-π/2,π/2]的反正切弧度。

15. double atan2(double y,x double)

计算 y/x 的反正切值,用两个参数的符号决定返回值的象限。如果两个参数都为零会发生定义域错误。返回范围[-π,π]的 y/x 的反正切弧度。

16. double sinh(double x)

计算 x 的双曲正弦值。如果 x 的取值太大会发生定义域错误。

17. double cosh(double x)

计算 x 的双曲余弦值。如果 x 的取值太大会发生定义域错误。

18. double tanh(double x)

计算 x 的双曲正切值。

19. double ldexp(double x,int n)

计算 $x \cdot 2^n$ 的值。

20. double frexp(double x,int * exp)

把 x 分成一个在[1/2,1]区间内的真分数和一个 2 的幂数。结果将返回真分数部分,并将幂数保存在 * exp 中。如果 x 为 0,则这两部分均为 0。

21. double modf(double x,double * ip)

将参数 x 分解成整数和小数两部分,两部分的正负号均与 x 相同。该函数返回小数部分,整数部分保存在 * ip 中。

22. double fmod(double x,double y)

计算 x/y 的浮点余数,符号与 x 相同。如果 y 为 0,则结果与具体的实现相关。例如:

```
fmod(13.657, 2.333)=1.992;
```

B.2 字符处理函数

头文件<ctype.h>中声明了一些用于字符测试和转换的函数。

1. int isalpha(int c)

若 c 是字母,则返回一个非 0 值;否则返回 0。

2. int isupper(int c)

若 c 是大写字母,则返回一个非 0 值;否则返回 0。

3. int islower(int c)

若 c 是小写字母,则返回一个非 0 值;否则返回 0。

4. int isdigit(int c)

若 c 是数字字符,则返回一个非 0 值;否则返回 0。

5. int isalnum(int c)

若 isalpha(c) 或 isdigit(c) 为真,则返回一个非 0 值;否则返回 0。

6. int isspace(int c)

若 c 是空格符、横向制表符、换行符、回车符、换页符或纵向制表符,则返回一个非 0 值。

7. int toupper(int c)

将小写字母转换成相应的大写字母。如果参数是 islower 为真的字符,且有一个与之对应的 isupper 为真的字符,函数返回该对应字符;否则,返回原参数。

8. int tolower(int c)

将大写字母转换成相应的小写字母。如果参数是 isupper 为真的字符,且有一个与之对应的 islower 为真的字符,函数返回该对应字符;否则,返回原参数。

B.3 字符串处理函数

C 语言提供了丰富的字符串处理函数,使用这些函数可大大简化字符串处理的编程。用于输出的 puts() 函数,在使用前应包含头文件 stdio.h;使用其他字符串函数则应包含头文件 string.h。

在下面的函数中,NULL 为实现环境定义的空指针常量;size_t 为 sizeof 运算符计算结果的无符号整型类型。

1. int puts(const char *str)

字符串输出函数。把字符串 str 和一个换行符输出到 stdout 中。如果发生错误,则返回 EOF;否则返回一个非负值。它等价于

```
printf("%s\n", str);
```

2. char *strcpy(char *s, const char *t)

将字符串 t(包括'\0')复制到字符串 s 中,并返回 s。

3. char *strncpy(char *s, char *t, size_t n)

将字符串 t 中最多 n 个字符复制到字符串 s 中,并返回 s。如果 t 中少于 n 个字符,则用'\0'填充。

4. char *strcat(char *s, const char *t)

将字符串 t 连接到 s 的尾部,并返回 s。

5. char *strncat(char *s, char *t, size_t n)

将字符串 t 最多前 n 个字符连接到字符串 s 的尾部,并以'\0'结束;该函数返回 s。

6. size_t strlen(const char *s)

返回字符串 s 的长度。

7. int strcmp(char *s, const char *t)

比较字符串 s 和 t,当 s<t 时,返回一个负数;当 s=t 时,返回 0;当 s>t 时,返回正数。

8. int strncmp(char *s, const char *t, int n)

与 strcmp 相同,但只在前 n 个字符中比较。

9. char ＊strchr(const char ＊s，int c)

返回指向字符 c 在字符串 s 中第一次出现的位置的指针，如果 s 中不包含 c，则该函数返回 NULL。

10. char ＊strrchr(const char ＊s，char c)

返回指向字符 c 在字符串 s 中最后一次出现的位置的指针，如果 s 中不包含 c，则该函数返回 NULL。

11. char ＊strstr(const char ＊s，const char ＊t)

返回一个指针，它指向字符串 t 第一次出现在字符串 s 中的位置；如果 s 中不包含 t，则返回 NULL。

B.4 实用函数

头文件＜stdlib.h＞中声明了一些执行数值转换、内存分配以及其他类似工作的函数。

1. double atof(const char ＊nptr)

将字符串 nptr 转换成 double 类型，返回转换后的值。

2. int atoi(const char ＊nptr)

将字符串 nptr 转换成 int 类型，返回转换后的值。

3. long int atol(const char ＊nprt)

将字符串 nptr 转换成 long 类型，返回转换后的值。

4. int rand(void)

rand()函数产生 0～RAND_MAX 范围内的一系列随机数，返回一个伪随机整数。

5. void srand(unsigned int seed)

srand()函数将 seed 作为生成新的伪随机数序列的种子数，种子数 seed 的初值为 1。

如果以同一 seed 值调用函数 srand()，就会重复出现伪随机序列。如果在调用 srand()前调用 rand()，会生成与第一次调用 srand()(seed 值为 1)时相同的序列。

6. int abs(int n)

abs()函数返回 int 类型参数 n 的绝对值。

7. long labs(long n)

labs()函数返回 long 类型参数 n 的绝对值。

附录 C 与具体实现相关的限制

头文件＜limits.h＞定义了一些表示整型大小的常量。下面所列的值是可接受的最小值，在实际系统中可以使用更大的值。

CHAR_BIT	8	char 类型的位数
CHAR_MAX	UCHAR_MAX 或 SCHAR_MAX	char 类型的最大值
CHAR_MIN	0 或 SCHAR_MIN	char 类型的最小值
INT_MAX	＋32767	int 类型的最大值
INT_MIN	－32767	int 类型的最小值

LONG_MAX	+2147483647	long 类型的最大值
LONG_MIN	-2147483647	long 类型的最小值
SCHAR_MAX	+127	signed char 类型的最大值
SCHAR_MIN	-127	signed char 类型的最小值
SHRT_MAX	+32767	short 类型的最大值
SHRT_MIN	-32767	short 类型的最小值
UCHAR_MAX	255	unsigned char 类型的最大值
UINT_MAX	65535	unsigned int 类型的最大值
ULONG_MAX	4294967295	unsigned long 类型的最大值
USHRT_MAX	65535	unsigned short 类型的最大值

附录 D　Hack

Hack 是指用符合要求的数据使一个原本正确的程序错误。

以一道 A+B 的题为例，其设定 $1 \leqslant a, b \leqslant 10^{18}$，但是出题人给出的测试数据只有一组 1 1，于是 A 的程序可以通过此题：

```
#include<bits/stdc++.h>
using namespace std;

int main()
{
    int a, b;
    cin >>a >>b;
    cout <<a +b <<endl;

    return 0;
}
```

然后 B 看到了这个题，并且提供了如下数据：

100000000000000 10000000000000000

当使用这组数据测试 A 的程序时，程序产生了错误。这种情况下，我们就称 B Hack 了 A。

Hack 数据需要在原题数据范围内，并且最好尽量小。有些在线测评系统，有的题会开启 Hack 模式，你可以在通过本题后对其他人的提交进行 Hack。

附录 E　对　　拍

对拍是用来检验程序正确性的方法，一般来说需要三个程序：根据题意所写保证正确的暴力程序、数据生成程序、需要检验的程序。

如何对拍？首先使用数据生成程序生成一组数据，然后用暴力程序和需要检验的程序分别运行该数据得到结果，比较两个程序的输出，如果不同，则说明有一个程序错误了。这个方法还可以用来找到使解法错误的数据，或者对某些难以证明的贪心算法进行验证（如果对拍很多次都没有出现问题,则贪心策略大概率是对的)。

接下来通过实例讲解如何进行对拍。例如,要求用时间复杂度 O(1) 的算法求解 $\sum_{i=1}^{n}i$,但是我们只会用时间复杂度 O(n) 的算法暴力求解。

假如你依稀记得求和公式好像是 $\sum_{i=1}^{n}i = \frac{n\times(n-1)}{2}$,但是不太确定,于是可以写一个"对拍"程序试一试。

(1) 写需要检验的程序,命名为 test.cpp。

```cpp
#include<bits/stdc++.h>
using namespace std;

int main()
{
    int n;
    cin >>n;
    cout <<n * (n +1) / 2 <<endl;

    return 0;
}
```

(2) 写暴力程序,命名为 bf.cpp,要保证这个程序一定是正确的。

```cpp
#include<bits/stdc++.h>
using namespace std;

int main()
{
    int n, s;
    cin >>n;
    s =0;
    for(int i =1; i <=n; i ++)
        s =s +i;
    cout <<s <<endl;

    return 0;
}
```

(3) 写数据生成程序,命名为 data.cpp。

```cpp
#include<bits/stdc++.h>
using namespace std;

int main()
{
    srand(time(0));
    int n =rand() %100 +1;
    cout <<n <<endl;

    return 0;
}
```

函数 time():用法为 time(0),返回的是当前时刻某个标准时间经过的(在模意义下)秒数。这个数字一秒一变,是方便使用的随机数种子。

函数 rand():返回一个随机数。这个随机数的范围在 Windows 下是 $[0, 2^{15}-1]$,而在 Linux 下是 $[0, 2^{31}-1]$。rand() 生成 $0 \sim$ RAND_MAX 均匀分布的伪随机整数。

需要调用一次 srand(time(0)) 来设定随机数种子,不然每次运行生成的随机数将相同。

(4) 写如下脚本,命名为 run.bat,这个脚本用来运行并且比较暴力程序和需要检验的程序。

```
@echo off
g++ bf.cpp -o bf.exe
g++ test.cpp -o test.exe
g++ data.cpp -o data.exe

:loop
data.exe >data.txt
test.exe <data.txt >test.txt
bf.exe <data.txt >bf.txt

fc test.txt bf.txt
if not errorlevel 1 goto loop
pause
```

@echo off 的作用是关闭回显,也就是运行脚本时不会把每一步操作都显示出来,对于只查看结果的我们来说更加简洁。

g++ bf.cpp -o bf.exe 表示的是运行 bf.cpp 文件。

test.exe < data.txt > test.txt 表示的是,将 data.txt 中的内容输入 test.exe 中并运行,然后将 test.exe 的运行结果输出到 test.txt 中。

fc test.txt bf.txt 表示的是,将 test.txt 和 bf.txt 文件中的内容进行对比,看看是否一致。

:loop 表示的是循环;if not errorlevel 1 goto loop 表示的是,如果没有出现错误(即 test.txt 和 bf.txt 文件中的内容一致),那么就继续循环。

说明:

(1) 上面所写的三个程序和一个脚本都是要放在同一个文件夹下面的。

(2) 在运行脚本之前要把三个程序全部提前编译运行一遍,也就是说文件夹中要有三个程序对应的".exe"文件。

(3) 如果使用 Dev-C++ 编译器,则直接在文件夹中运行 run.bat。

脚本在两个程序输出不同之前会一直运行,如图 E-1 所示。

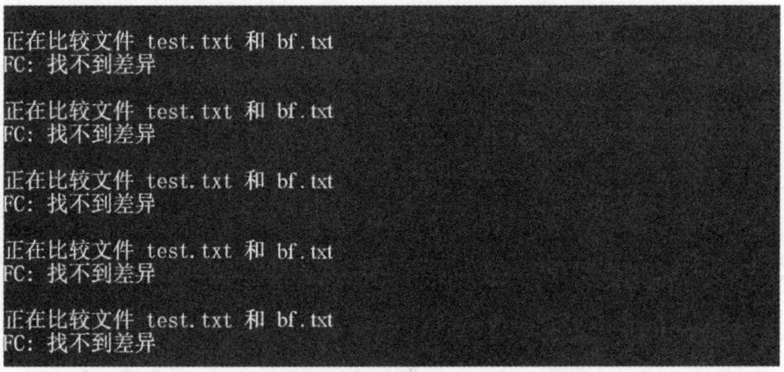

图 E-1　运行 run.bat

我们可以在 test.cpp 程序中添加一些错误,然后再看运行效果。

```cpp
#include<bits/stdc++.h>
using namespace std;

int main()
{
    int n;
    cin >>n;
    if(n <=60) cout <<"n=" <<n <<" different ";
    cout <<n * (n +1) / 2 <<endl;

    return 0;
}
```

还有一种对拍方式,就是把"run.bat"脚本写成 C++ 程序"run.cpp"来运行。run.cpp 如下:

```cpp
#include<bits/stdc++.h>
using namespace std;

void solve()
{
    while(1)
    {
        system("data.exe >data.txt");
        system("bf.exe <data.txt >bf.txt");
        system("test.exe <data.txt >test.txt");
        if(system("fc test.txt bf.txt"))
        {
            cout <<"wrong!" <<endl;
            break;
        }
    }
    system("pause");
}
int main()
{
    solve();
    return 0;
}
```

参 考 文 献

[1] KERNIGHAN B W,RITCHIE D M. C 程序设计语言[M]. 徐宝文,李志,译. 新 2 版. 北京:机械工业出版社,2004.
[2] LIANG Y D. C++ 程序设计[M]. 刘晓光,李忠伟,任明明,等译. 3 版. 北京:机械工业出版社,2015.
[3] 李忠月,励龙昌,虞铭财. C 语言程序设计[M]. 2 版. 北京:清华大学出版社,2017.
[4] 何钦铭,颜晖. C 语言程序设计[M]. 北京:高等教育出版社,2020.
[5] 洛谷学术组,汪楚奇. 深入浅出程序设计竞赛:基础篇[M]. 北京:高等教育出版社,2020.
[6] 洛谷. https://www.luogu.com.cn.
[7] PTA 程序设计类实验辅助教学平台. https://pintia.cn/home.
[8] 信息学奥赛一本通. http://ybt.ssoier.cn:8088/index.php.
[9] TK 题库. http://tk.hustoj.com/.
[10] 信友队. https://www.xinyoudui.com.

图书资源支持

感谢您一直以来对清华版图书的支持和爱护。为了配合本书的使用，本书提供配套的资源，有需求的读者请扫描下方的"书圈"微信公众号二维码，在图书专区下载，也可以拨打电话或发送电子邮件咨询。

如果您在使用本书的过程中遇到了什么问题，或者有相关图书出版计划，也请您发邮件告诉我们，以便我们更好地为您服务。

我们的联系方式：

清华大学出版社计算机与信息分社网站：https://www.shuimushuhui.com/

地　　址：北京市海淀区双清路学研大厦 A 座 714

邮　　编：100084

电　　话：010-83470236　010-83470237

客服邮箱：2301891038@qq.com

QQ：2301891038（请写明您的单位和姓名）

资源下载：关注公众号"书圈"下载配套资源。

书　圈

清华计算机学堂

观看课程直播